刘遐 著

寻蕈记

上海辞书出版社

目　录

奇特的生物类群

说到"蕈菌"这个词，也许很多人感到陌生。其实我们常吃的那些美味可口的蘑菇、香菇、草菇、平菇、木耳等，以及大家耳熟能详的灵芝、虫草、茯苓、蝉花、马勃等中药都属于蕈菌。当然还有人会想起森林里那些有毒的蘑菇，是的，它们也应该包括在内。

几十亿年前，原始地球的海洋里孕育出了最早的生命，从此掀开了生物进化的新纪元。最先问世的是原核细胞生物，它们甚至还没有完整的细胞结构。约在18亿年前，真核细胞生物开始出现，这是生物进化史上的一个大飞跃。在以后漫长的岁月里，真核细胞生物中的一部分单细胞生物慢慢发展成多细胞生物。由于细胞结构的分化和营养方式的不同，这些多细胞生物各自向着三个不同的方向发展。一部分接受叶绿体的细胞生物，因为具备光合作用能力而能自制营养，最终演化发展成植物。另一些没有接受叶绿体的真核细胞生物，一路选择了摄食的营养方式，不断地提高自己的运动能力和消化能力，逐步地演变为动物。还有一路则发展了吸收食腐动物性营养的特长，慢慢发展，形成了生命进化树上的又一个分支大类——真菌。

真菌是多细胞真核生物，它有一个古老而又庞大的谱系。据专家最保守的估计，自然界实际存在的真菌物种至少有 150 万种，是地球上数量仅次于昆虫的生物类群。大部分真菌体型都很小，要在显微镜下才能观察到，所以人们把它们归入微型真菌范畴，包括单细胞真菌（酵母菌）和丝状真菌（霉菌），它们属于低等真菌。还有一部分肉眼能辨识，可徒手采摘，具有大型子实体，被称为蕈菌，它们属于高等真菌。蕈菌中的大部分是担子菌，另外小部分是子囊菌。

蕈菌的种类繁多。据估计，全球有大型真菌 14 万种，而目前已知或列入记载的仅占 1/10，即 1.4 万种左右。其中约有 7000 种具有不同程度的可食性，有 2000 余种具有药用功效。另外还有一小部分的有毒蕈菌，约占总量的 1%。中国地域辽阔，地形复杂，气候、土壤、植被类型多样，适合不同生态习性菌类的繁殖和生长，是世界上蕈菌物种高度丰富的国家之一，已知的各类大型真菌超过 4000 种，其中食用菌约有 1000 多种，药用菌约有 500 多种。

蕈菌分布的地区范围十分广泛，足迹遍布欧洲、亚洲、美洲、非洲、大洋洲。在自然界的各种生境中，要数长在森林里的蘑菇种类最丰富，数量也最多；其次是长在草原和田野的蘑菇；此外，在很多环境恶劣的场所，比如在悬崖峭壁的石缝里、荒野大漠的沙土下，我们都会发现菌类的存在。英国桑盖特的砾石海滩上有一种石盖菇，长得就像突兀的石头，几可乱真。最令人不可思议的还有长在水里的蘑菇。在美国俄勒冈州罗格河上游水域，人们发现了一种子实体能在水下生长的蘑菇物种，这种小脆柄菇属的水生蘑菇把菌柄牢牢锚定在半米深的水底沉积物里，抵抗着周围水流的冲刷。据观察，它们在水里的生长期可以超过 11 周。

　　绝大部分菌类的子实体是生长在地面上的，它们很好找；也有少部分是生长在地下，如块菌科、须腹菌科等一些种类；还有半外露的，比如瘤孢地菇等。有趣的是，有一些菌类会根据外界变化，主动调整自己的栖身环境。例如我国新疆地区巴音郭楞州出产的一种美味的大蘑菇，单个最大能有两公斤重。这种原来生长在地面的菌菇，为了能在当地干旱缺水、盐碱严重、日照强烈的恶劣环境下生存，便巧妙地选择自己的栖身场所：首先是落户在红柳根旁，因为红柳树根系非常发达，能把很深的地下水分吸引上来，还有泌盐能力；其次是取食在废苇滩里，腐烂的芦苇根能够为它们提供足够的营养；再有是埋头于沙土地下，子实体躲在松软的沙土表层下发育，避免了日光照射。所以这种蘑菇只能"挖"不能"采"。

　　蕈菌绚丽多彩，白、黄、褐、灰、红、绿、紫各色，有深有浅，或浓或淡，点缀出大自然的无限生机。大红菇灼灼似火，鸡油菌灿灿如金，白木耳雪般晶莹，绿湿伞脂样凝冻，紫色的丝膜菌装扮得雍容华贵，黝黑的地舌菇出落得鬼马精灵。最摄人心魄的是澳大利亚的一种炫蓝蘑菇，顶着尖尖的小帽从土里钻出，犹如一群顽皮可爱的蓝精灵。还有会变色的蘑菇呢，我国海南省的橙牛肝菌，通体橙红色，可是只要人们用手一触碰它的菌盖或菌柄，它就会受到"惊吓"似的立马沉下脸来变成蓝绿色。这是因为它们体内有一种特殊的显色反应成分——牛肝菌藏花素。

　　蕈菌的外形可谓是千姿百态。杯状、球状、笔状、星状、伞状、花朵状、树枝状、珊瑚状无奇不有，其中以伞状为最多。而伞菌中又有钟形、卵形、扇形、匙形、斗笠形、半球形、漏斗形、喇叭形之分。长相最离奇古怪的要数腹菌家族的一些成员了。地星菇好像天上星星坠落凡间，鸟巢菌浑似一窝鸟蛋温暖待孵，笼头菌结成网络状中空球体，章头菌犹如深海章鱼舞动着八爪触须。在马来西亚沙捞越的热带雨林发现的一种真菌更是奇特，它有着鲜艳的橙色外表，圆球形的身体上布满了很深的腔孔，用力挤压它还会回弹，发现者给它取了一个可爱的名字——海绵宝宝。

　　蕈菌的个头大小相差悬殊：体型娇小的朱砂小菇只有大头针般大；丛生于枯叶上的毛霉状小菇，更是柄细如丝,就像一根根白色的毛发;而体态硕大的大鸡枞菌,伞盖张开的直径可以达到 1 米,菌柄比人的大腿还粗。牛肝菌家族人丁兴旺,兄弟之间的体量却是大相径庭。生长在非洲马达加斯加的巨型牛肝菌,菌盖部分直径 60 厘米,厚达 4—6 厘米,菌柄部分长 25 厘米,基部最粗部分直径达 22 厘米,全重 60 千克,活似"牛魔王"。而云南的钉头牛肝菌,菌盖直径仅为 1—3 毫米,个高只有 3—4 毫米,相比只能算是一根"牛毛"。论个头,能与"牛魔王"对战的还有"孙大圣"。我国湖北保康县发现过一只重逾 50 千克的大猴头菇,一个人都难以背动,算得上是真正的"美猴王"了。此外,1946 年美国发现过一株柔软锐齿菌,菌盖宽 142 厘米,柄长 94 厘米,重 136 千克。2011 年中国科学院研究员戴玉成在海南发现的椭圆嗜蓝孢孔菌,该子实体已生长了 20 年,长度超过 10 米,宽度接近 1 米,厚度在 5 厘米左右,重量超过 500 千克,可以说是迄今为止发现的单个最大的子实体。

　　蕈菌的生长方式比较奇特。它们一生的大部分时间是以菌丝的形态生活在地下或腐木中,默默无闻地在那里扩展领地和积蓄营养,一旦外部条件适合,便会迅速露头形成子实体,表现自己的存在。所以在自然界,每当夏秋季雨后,林地和草原上往往一夜之间便会出人意料地长出大量蘑菇。英语中的"mushroom",

作为动词有爆发、猛长、大量涌现的含义。英文成语"grow up like mushroom"和中文"雨后春笋"意思相近；而俄罗斯谚语也有"Грибы после дождя"（如雨后蘑菇），这些都反映了蕈菌的生长特点。

正所谓"其兴也勃，其亡也忽"，生长迅速的蕈菌，生命周期大都比较短促。一般肉质和胶质的菌类，子实体从形成菇蕾到发育成熟，长的只能持续十几天，短的仅有三五天。而鬼伞属菌类的存世时间更是以小时计。所以古人有"朝菌不知晦朔"的感叹。速亡鬼伞开伞2—3小时后，子实体就会水解自溶。不过它还不是最短命的，长在草原上的巨孢鬼伞，从菇蕾形成到菌褶干缩，不用半个小时，这是对草原干旱气候的适应表现。不过蕈菌中也有许多"长寿"的物种，例如一些木质和木栓质的多孔菌，寿命则可达数年或数十年。它们的菌盖下面每年都会增加一层新的菌管，就像树木的年轮一样清晰可辨。在西伯利亚森林中，曾采到过有八十多层菌管的药用层孔菌，算得上蘑菇中的"寿星公"了。

地球伟大分解者

因为蕈菌也是固着生长的，而且某些方面与藻类相似，于是有很长一段时期，人们是把蕈菌归于植物大类的。在古老的林奈两界系统中，地球生物被划分为植物和动物两界，真菌归属于植物界真菌门。随着科学技术的发展和对微观世界观察的深入，科学家们从系统发育学、遗传学、细胞学、生物化学等角度，对真菌的界属提出了新的观点。从呼吸方式看，真菌能直接进行氧交换；从细胞结构看，真菌的细胞壁大都由几丁质组成；从细胞的贮能物质来看，真菌含有糖元而不是淀粉，这些都不同于植物而更接近于动物。特别是从营养方式来看，真菌没有质体和光合色素，是靠吸收营养的异养生物。因此，越来越多的学者认为：真菌不是植物也不是动物，而是一个独立的类群，属于真核生物中的第三极。1959年，美国生物学家魏克特，提出了生物四界分类系统，首次将真菌从植物界独立出来命名为真菌界。1969年，他又将四界系统调整为五界系统，在纵向上划分了无细胞生物——原核单细胞生物——真核多细胞生物的三个生物进化阶段，从横向上显示了生物发展的三大方向：光合作用的植物界、吸收营养的真菌界和摄食生存的动物界，从而确立了真菌在生物界级系统的地位。尽管以后在生物划界方面仍有诸多不同观点，但应用最广的还是"五界系统"。

植物、动物和菌物在地球生物圈内占据着不同位置，形成了一个三极的生态系统。它们之间互相依存而又明确分工，各自承担着重要的使命。植物是生产者，它们借助阳光，通过自养光合作用，把无机物（二氧化碳、无机盐和水）变成有机物（糖类和淀粉），并从土壤吸收氮和矿物质合成蛋白质，它们自养，也为其他生物提供食源；动物是消费者，食草动物直接以植物为食，食肉动物则猎食食草动物，间接以植物为食，通过一个又一个营养级，再消化再合成；而菌物是还原者，细菌和真菌把动植物的尸体、残渣和排泄物分解成简单的无机物，并产生大量的二氧化碳，重新供植物吸收利用。如此周而复始，延续着自然界的物质循环和生态平衡。莫要小看了这些不起眼的还原者，它们每天进行的是地球上最伟大的一项工程：譬如一般的阔叶森林中，每年每公顷会产生大约4吨的枯枝落叶，而在热带雨林则高达150吨。假如没有这些还原者，地球家园很快就会被这些废弃物淹没，整个自然生态系统也立将崩塌，人类又去何处寻找立足安身之地？

　　还有，植物的光合作用所需的二氧化碳，其主要来源是大气。而二氧化碳在大气中的占比仅有 0.03%，如果得不到补充，最多只能用几十年。回补大气的二氧化碳除了动植物呼吸以及能源燃烧外，主要还是通过真菌和细菌的降解作用产生。它们把动植物的残体、粪便中的碳转化成为二氧化碳再送回大气，完成大气中的碳循环。有人做过统计，地球上每年约有 850 亿吨的碳源是由菌物的分解活动还原成二氧化碳气体提供的。如果没有菌物的话，则地球上的所有的生命活动就会在 20 年内因缺乏二氧化碳而停止。

　　真菌的菌丝体还会通过分泌消化酶和有机酸，把坚硬的岩石破解成能被植物吸收的矿物质，把高分子有机物中结构紧密的长链拆分为易消化的营养成分……

　　如果把"地球伟大分解者"这一称号授予真菌，它们应该是实至名归，当之无愧的。

最早的陆生生物

从海洋向陆地进军是生物进化史上具有划时代意义的事件。因此，生物何时登陆，何种生物最先登陆等有关陆生生物起源的问题，一直是科技界关心的热点。先前比较普遍的观点是：最先登陆的是植物中的蕨类或苔藓。但最新的研究表明，陆地先锋的这个称号应该授给真菌类的地衣更为恰当。

地衣并不起眼。通常只是斑斑驳驳地长在裸露岩石上或者丝丝缕缕地挂在粗糙树干上，呈灰绿、橙黄等多种颜色。不过它们却是一种很特殊的生物——真菌和藻类组成的共生复合体。构成地衣的真菌大部分属子囊菌，少数为担子菌。而藻类多为绿藻和蓝藻。在这个共生体中，真菌是占主导地位的，由其决定地衣的形态特征及后代繁殖。换句话说，地衣其实就是一类专性化的特殊真菌。真菌的菌丝缠绕藻细胞将其包裹，含有叶绿素的藻类通过光合作用为共生体制造养分，而真菌则从外界吸收水分和无机盐，使藻类保持一定的湿度并获得光合作用的原料。同时为藻类遮阴蔽日，防止它们受到强光照射而干燥死亡。若两者分离，藻类能生长和繁衍，但真菌就会饿死。地衣的繁殖主要靠真菌的孢子，孢子到处飞，遇到藻类，又可结合成一个新的地衣；也可以一个或几个藻细胞被菌丝裹住，随风飘散，到达新的地点又长出新的地衣。地衣生长非常缓慢，但寿命却非常长。

　　根据以往的化石发现，科学家们曾经一度认为最早出现在干渴陆地上的植物和真菌类距今大约有 4.8 亿年的历史。随着分子生物学的兴起，生物学家开始在分子水平研究生物的进化。根据生物核酸和蛋白质结构上的差异，可以精确推断生物种类的进化时期和速度。2001 年，美国宾夕法尼亚州州立大学的研究人员公布了他们采用分子技术研究地球陆生生物起源的新成果。他们对多种真菌类生物、一种藓类植物、一种高等植物、一种绿藻以及两种酵母，共 119 种蛋白质的氨基酸序列进行了比较，并且建立起了一个有关这些生物体的系谱图。这次测定的结果表明，最早的苔藓类陆地植物出现在 7 亿年前，而地衣型的陆地真菌类则要追溯到 13 亿年前。连领导这项研究工作的生物学家布莱尔·赫齐斯也为此惊叹不已："这实在是太早了！"

　　能够佐证这个推断的新发现是，2005 年中国科学院南京地质古生物研究所袁训来研究员与美国学者合作，在中国贵州省瓮安县陡山沱组的海相岩层中，找到了 3 片 6 亿年前的古老地衣化石。在显微镜下，可以清楚地观察到真菌的丝状体环绕着球状蓝藻分布，部分丝状体的一端还与一个梨形的真菌孢子相连。从蓝藻和真菌的保存状态来看，它们与泥盆纪以及现代的地衣都具有类似的结构特点，只不过真菌和藻类结合的程度不如现在这样亲密。这 3 块化石标本的发现，将地衣的最早地质记录整整提前了 2 亿年。不仅证实了先前生物分子学对真菌和藻类共生形成的地衣的起源时间更早的推测，而且还为探索海洋生命向陆地转移提供了重要依据。科学家们据此进一步指出，在大自然经常能见到的地衣可能就是地球陆地的第一批客人。虽然这几块化石是在海洋性的地质层中发现的，但可以这样认为，真菌和藻类以共生的关系形成的地衣，既然能生活于海底，当然也能生存于陆地。它们乘潮涨潮落留在岸边露出水面的裸露岩石上，并且作为海洋生命进军陆地的先遣部队，开始了对地表的改造。陆地生态系统由此发生变化，从而为几乎所有高等生命的演化铺平了道路。地球的陆地也像海洋一样，渐渐成了一个充满生机的美丽世界！

科学家们进一步指出，与蕨类和苔藓相比，地衣成为最早的陆生生物的理由更为充分。第一，真菌和藻类作为真核生物，早在 19 亿年前已经存在了。所以它们完全可以随海侵海退滞留陆地，很自然地完成从海洋生物到陆地生物的转变。第二，地衣对贫瘠恶劣的环境有着超强的适应能力。无论是悬崖绝壁还是沙漠荒原，无论是赤道高温还是极地严寒，在那些几乎没有其他植物生长的地方，都可以找到地衣的踪迹。有些在沙漠中生长的地衣，甚至利用夜晚凝结的露水就可以存活。有实验证明，地衣能忍受 70℃ 左右的高温，在 -268℃ 的超低温下放上几小时也不会死。当遭遇极其不利的环境变化时，它们甚至会采取"休眠战术"渡过难关。那些在博物馆陈列柜内存放了 15 年的地衣，沾上水后居然还能复活。因此当远古时代陆地还是一片荒漠时，地衣是最先能落脚下来的。第三，地衣可以在裸露的岩石上生长，分泌出酶和地衣酸来腐蚀岩石，使岩石崩裂破碎、逐渐变成土壤，为其他植物登陆创造了条件，把荒芜的生命禁区变得充满生机，所以它们完全配得上"地球拓荒者""陆生环境建设的先行者"的称号。

　　这是一枚普通的牛肝菌，但是生长在非洲的巨型牛肝菌，体积是它的 10 倍。

远古时代的巨菌

　　不要小看了真菌，它在远古时代很长的一段时间里，曾经也是地球生物圈的"霸主"呢。

　　1843 年，在加拿大魁北克加斯佩湾古生代晚志留纪至早泥盆纪（距今约 4.2 亿到 3.5 亿年）的地质层中，发掘出一种巨型的生物化石，形状如同没有枝叶的高大树干。发现者推断这是针叶类植物的始祖，给它取了个好听的名字——原杉。以后这类化石又相继在美国（纽约州）、荷兰、苏格兰、威尔士、德国、比利时、澳大利亚以及中东的沙特阿拉伯被发现。其中最大的能有 8 米多长，直径 1 米多粗，横截面还呈现一圈圈类似年轮的环状同心圆。无可否认这是迄今为止在古生代陆相沉积中发现的最大生物化石。它究竟是什么？越来越多的人加入了研究的行列，科技界为此经历了长达一个半世纪的激烈争论。不少科学家认为这个地质层年代的植物尚不足以进化到拥有如此巨硕的体形，因此有人猜测这是大型多细胞海藻的集合物，也有人主张这是被海浪裹卷起来的地衣。观点各异，莫衷一是。直到 2001 年，美国国家自然博物馆科学家弗兰西斯·休伯在搜集大量来自各地的化石标本的基础上，对它们茎干的内部结构进行了深入的研究，发现其组织绝非植物的维管束，而更像是真菌的丝状体。据此他认为这些巨型化石不是原始的植物，而是一种高大的多年生菌类。但遗憾的是，休伯始终没能找到这种真菌的繁殖代——孢子，因此缺乏更充分的证据来完善这一推断。

芝加哥大学地球物理科学助理教授凯文·博伊斯在休伯研究的基础上，采用先进的碳同位素示踪技术，对巨型化石与同一地层其他植物化石进行测试对比。研究发现，巨型化石的碳同位素构成与植物化石有着很大差异，却和近似条件下生长的现代真菌十分相似。由此得出结论：这些化石是一种能够分解摄取它人营养生存的巨型真菌，而非依靠光合作用生长代谢的森林始祖。裹藏在亿万年石化躯壳中的生命信息密码终于被破译，这场旷日持久的争论就此落定尘埃，并由此揭示了地球史上的陆生生物进化发展的一个重要环节。

眼前的巨菌化石把我们的视野引向4亿多年前的志留纪晚期：地壳的强烈运动导致各地不同程度的海退，陆地面积显著扩大，生物界也发生了巨大的演变。菌物、植物和动物三大生物群体在相继完成由水生向陆生的重要转变后，在广袤辽阔的陆地舞台上开始了更为精彩的生态建设和演化发展。最早的维管束植物——蕨类开始出现，尽管还是形态简单、个体不大的草本类型。它们迅速地扩展自己的植被范围，使大地披上了绿装。跟随陆生植物的步伐，最早的昆虫以及千足虫、蠕虫等节肢动物也开始悄然登场。然而相比较而言，似乎真菌生物的陆地演化更前卫。它们不需要光合作用，却有着远比低矮植物的根系更为发达和庞大的地下菌丝网络，可以从沉淀堆积大量近海有机物的地表层里充分摄取营养。它们更能适应周遭的变化，温润、潮湿的环境气候是菌类最喜好的生态条件。为了抢占生态位，它们的体形向越来越大的方向发展，一种多年生的巨型菌类就这样出现了。健硕的子实体破土而出，挺身傲立，怒指天穹。它们长得如此高大，或许是希望向更远的地方播撒孢子繁殖后代吧。相对周围茎高还超不过 1 米的蕨类植物，巨菌俨然就是那个时期陆地生物圈中俯视众生的"巨无霸"了。科学家们推测，这类巨型真菌在地球上大概存在了几千万年。

　　然而，物竞天择，适者生存，这种曾在地球生物史上一度繁盛并占据过生态系统顶层位置的巨型菌类却未能延续至今。后来由于气候的急剧改变和环境的严重恶化，引发了地球上的多次物种大灭绝事件的发生。巨菌最终从地球上消失了，如同后来陆地动物中也曾不可一世的恐龙一样，留下的只是化石的记忆。

生活繁衍自有道

　　人们在山间漫步或到林间采集蘑菇时，常常会在不经意间看到一种奇异的现象：一丛成熟漂亮的蘑菇，会突然接二连三地喷射出一股股彩色的烟雾，娉娉袅袅弥漫空中，最后随风轻轻散去。古人常以为是吉祥之兆，其实这是菌类为了传宗接代所弹射出的"孢子云"。

　　对自然界的生物来讲，繁衍后代是延续生命、维持种群兴盛的最重要事情。真菌的孢子就如同是植物的种子，体积很小，一般只有5—10微米。其形状也是多种多样，有椭圆形、球形、卵形、圆柱形等。担子菌类的有性孢子称之为担孢子，子囊菌类的有性孢子称为子囊孢子。一般来说，蕈菌子实体生成的孢子量是非常惊人的，通常有十多亿到几百亿个。一个大秃马勃的子实体内甚至能产生20万亿个孢子，如果每个孢子都能够萌发并长成一个与母体相当的子实体，那么它们合起来的体积将会有三个太阳那么大。但是在实际生活中，能够萌发长成新一代菌体的概率却微乎其微。因为弱小的孢子其外界适应能力很差，对生存条件往往又有一定要求，所以只有那些能够抵抗恶劣环境并遇到合适的萌发条件的孢子才能肩负起延续种群的使命。为了提高后代存续的几率，蕈菌们就只能靠繁殖数量取胜，纵然有99%的孢子因缺少萌发所需的条件而在传播中丧命，只要有少数的幸运儿找到了发芽的沃土能够生存下来，就能维持种群的存在，使其一代代地繁衍下去。

蕈菌成熟后孢子就开始释放。有些蕈菌本身并无多大能耐，却很会利用自己的特殊身段坐等时机，利用刮风下雨等环境条件，轻而易举地送走自己的子女。孢隆纹黑蛋巢菌看上去犹如一窝待孵的鸟蛋，漏斗杯状的子实体内长着几个堆叠的扁圆小包，小包底下各有一根与杯底连接的小尾巴——菌丝索。下雨时，雨滴落到漏斗杯里飞溅起来，将拖小尾巴的产孢体强行逐出并且携带它们脱离母体。小尾巴借势挂住其他的植物并缠绕其上，开始了它的新的生命历程。

大部分的菌类会依靠自身的力量进行主动性释放。子囊菌大多会采用"爆发"的方式，当孢子成熟了，子囊里的压力急剧增高，子囊越来越膨胀，最后孢子冲破子囊顶部，像子弹一样射向远方。担子菌则大多具备"弹射"功能，先在孢子和担子小梗间分泌出水滴，水滴在几秒钟之内就最大限度地膨胀，产生渗透压，使孢子迅速脱离小梗，飞散远处。弹球菌会以一种非常独特的"外翻"方式发射自己的产孢体。它们的子实体起初看上去像一个蛋，成熟后就会绽开，露出一粒珍珠般的孢子球。接着紧邻产孢体的拟薄壁组织开始变软而液化，使产孢体与外层包被分离。中间的栅栏层组织则不断地吸水膨胀。到了极限，子实体外皮就会突然呈星状向外翻转开裂，产生巨大的推送力，把直径仅有 1 毫米的孢子球猛烈地抛射到 6 米开外，就像一门发射炮弹的小小加农炮。类似的还有一种被人称为"恶魔雪茄"的稀有真菌，平时它的外形是深棕色雪茄形状的，当它崩裂释放孢子时还会振动空气发出一种非常奇特的口哨声。

为了让孢子更远更大范围地传播开去，蕈菌们会各显神通，根据自身特点巧妙地借助各种外部力量来完成这项重大任务。常见的策略有以下几类：

借助风力传播。许多伞菌菌盖的截面，形状如同飞机翼，上凸下平，风吹过时，菌盖上方会产生较快速的气流，下面的气流速度则较慢，两面的压差会形成向上的升力，轻盈的孢子便能借助上升的气流向远方飞去。还有些菌类借助风力推着自己跑，比如成熟的马勃菌像一只只装满了孢子的大皮球，它们会顺着风势不断滚动，为后代寻找新的落脚点。

借助水力传播。有一种叫风车蘑菇的小皮伞，会专门挑选下雨的时候才释放孢子。鬼伞成熟时菌褶会自溶，墨汁状的孢子液靠雨水流散四处。

借助动物传播。一些菌类会利用本身散发的气息，吸引动物咬食来促进孢子的散播。蛇头菌在成熟时，顶端会产生恶臭并分泌黏液，吸引蝇类和蛞蝓前来取食，蕈菌孢子就随着它们的活动传播。生长在地下的块菌，成熟时会发出特殊的香味引诱动物来掘食。北美森林里有一种只在夜间现身的飞鼠，它们前后肢间长有宽而多毛的飞膜，能在树林之间飞快滑翔，单次滑翔距离可以达到 30 米。飞鼠夜间出来觅食，最爱的食物就是地下的松露块菌。待它吃饱喝足后到处活动，排便时就把真菌孢子洒遍整片森林。

成熟的孢子离开母体后，如果遇到外部的环境条件不够适合或自身的条件不够充分，它就会巧妙地选择休眠的方式来延迟萌发。一旦导致孢子休眠的因素被克服，孢子就会苏醒过来开始萌发。经过吸水膨胀、长出芽管，吸取土壤或树木中的水分营养。接着芽管又会分支伸长，形成菌丝。菌丝生长是顶端延伸、旁侧分支，互相交错形成菌丝体。生长到一定阶段，即形成子实体。再产生孢子，完成一个生命周期。如此周而复始。

蕈菌繁衍还有另一手，除了利用孢子进行有性繁殖外，也可以利用营养细胞进行无性繁殖，每一个菌丝片断都可以发育成一个新的菌体。人们利用这一特性，在人工栽培时，大多采用这一方式进行大规模繁育扩种。

化尽枯朽见神奇

《列子·汤问》有"朽壤之上，有菌芝者"的记述，这是世界上最早准确地观察菇菌生活条件的论述。

在蕈菌类群中，有一个大类通常以非常和平的方式，默默地经营着自己的地盘。它们清理、打扫自然界大量的坏死物质，从动、植物残体或其他有机物获取营养，维持自身正常生活。这种依靠腐生生长的菌类称为腐生菌。它们虽然没有动物那样的尖利爪牙和强劲肠胃，却能制造和分泌各种"摧枯拉朽"的消化酶，将有机大分子拆分成为简单的小分子，使之成为能被吸收的物质从而进入菌体自身的代谢。

腐生菌分为两大阵营。其一是主要从木材中获取营养的木腐菌阵营，我们常吃的木耳、香菇、平菇、金针菇、猴头菌都属于此列。大自然处理森林中的枯枝落叶及残桩倒木，一般总是由细菌和小型丝状真菌充当"急先锋"，它们将那些易于吸收的小分子碳水化合物作为自己的美餐一扫而空。然而，遇到树皮以下木质化程度较高又难于分解的部分，它们的"牙口"就无能为力了。这时，担任攻坚任务的大型蕈菌就开始登场亮相。它们通常会分成两个战斗序列，采用不同的攻击手段，获取不同的战斗成果。"装备"有限、攻击力较弱的那支部队通常采用"专攻软肋"的"褐色腐朽"解决方式，它们的酶系统能够消化木材中的纤维素和半纤维素，但无力解决分子结构紧密的木质素，因此解决战斗后其攻击的目标会留下一些褐色易碎的残体。榆耳、牛舌菌、桦剥孔菌等都属于这类"褐腐"菌。而"装备"整齐，战斗力强的那支部队就会选择"完全通吃"的"白色腐朽"解决方式，它们既消化纤维素又能分解木质素，最后使木材腐烂得只剩下海绵状的白色团块。香菇、平菇、云芝、裂褶菌等都属于"白腐"菌。需要指出的是，白腐菌是目前已知范围内，唯一能将木质素彻底降解为二氧化碳和水的生物群。

作为"森林清洁工"的木腐菌，它们有着两方面的作用。首先是通过对生长基质的分解，将生态系统中固定在树材中的物质和能量释放出来，归还大自然重新参与物质循环。分解后剩下的残屑碎末还能改良森林土壤，提高林地肥力和持水性，促进树木生长，还为树种发芽准备了舒适的温床。其次是清理出空间地盘，增加了通风透光，对防止森林过度郁闭、减少病害发生、提高树冠的光合作用有着重大意义。不过，事物总是两方面的。如果在特殊环境条件下，发生某种菌类过度生长，也会对森林造成危害甚至发生大面积的毁林事件。

腐生菌中还有一大阵营是喜欢从禾本类植物残体中获取营养的草腐菌。它们与上述的褐腐菌很相似，由于体内缺乏木质素消化酶，所以只能通过分解纤维素和半纤维素来营养自身。"离离原上草，一岁一枯荣。"辽阔的大草原养育着无数生灵，也育植着各色各样的蘑菇，它们中大部分是以枯草和食草类畜粪为营养对象的草腐菌，例如著名的蒙古口蘑、香杏丽磨、大白桩蘑等。有趣的是，这些蘑菇经常呈环形生长，小的直径只有几米，大的可达几百米。人们把这种蘑菇圈称之为"仙人环"，传说是天上的仙女下凡到人间，在草原上翩翩起舞留下的芳踪。现代科学为我们解开了这个谜底。在肥沃草原的舒适环境下，成熟蘑菇撒播的孢子落到地表，发芽形成菌丝，通过分解枯死野草来营养自己发育生长。生长地周围的营养源枯竭了，菌丝就努力向外缘发展，占领新的地盘。而里面部分的菌丝则因养分缺乏而逐渐衰落死去。年复一年，经过生长与死亡的交替，这个环带就逐年扩大。据科学家测定，一般仙人环每年平均直径会向外扩展20—40厘米，所以那些巨大的仙人环的年龄可能比人类的寿命还要长，甚至可达几百岁呢！

蘑菇对维护草原生态同样有着积极影响。如果仔细观察的话，你可以发现蘑菇圈内侧的羊草长得特别浓绿茂盛。有人做过测定：这部分羊草的叶绿素含量要比普通羊草提高 30%，且株数和株高明显增加，生物量提高一倍。原因是蘑菇的生长改善了土壤结构，抑制了有害菌群生长，并且菌丝分泌的消化酶，能迅速分解土壤中有机物，加上菌丝死亡后"尸体"也富含养分。得此助力，蘑菇圈内的羊草长势自然就优于外侧的正常草区了。

有意思的是，目前能够人工商业化栽培的几十种菌类几乎都属于腐生菌或兼性腐生菌。因为相对我们后面介绍的寄生菌、共生菌而言，这些腐生菌的营养方式比较简单，而且经过长期的生存竞争，它们对营养来源的选择面也要宽泛得多。

虫生真菌的奥秘

　　与腐生类真菌相反，寄生类真菌是依靠侵入活体生物来获取自身所需要的营养。它们有的施行"巧取"的策略，仅适当地从寄主身上吸取一定量的营养，对其生存不构成致命威胁，因此能与寄主长期共同生活。也有的寄生性真菌则采取"豪夺"的办法，通过各种机制残酷地压榨寄主并剥夺它们的生命。其中最典型的就是虫草属的昆虫寄生菌。

　　中国的冬虫夏草，是一种叫中华虫草菌的子囊菌寄生于蝙蝠蛾幼虫上所形成的结合体。在青海、西藏、四川、甘肃、云南等地的高山草甸和高山灌丛草原，生活着一种色彩斑斓的彩蝶——蝙蝠蛾。每当盛夏，蝙蝠蛾便将千千万万个虫卵留在花叶上。继而蛾卵变成小虫，钻进潮湿疏松的土壤里，吸食植物根茎的营养。蝙蝠蛾的幼虫期长达 3 年左右，其间需要经过 7 次蜕皮（1 次蜕皮为 1 龄）才能逐渐长大。寒冬降临，幼虫们躲在潮湿而又温暖的土里越冬。随着雨水渗入到土壤里的虫草菌子囊孢子，或是借道幼虫取食，随食物进入虫体；或是黏附在幼虫体表，萌发芽管穿透幼虫表皮使其感染。而经过四五次蜕皮长得又白又胖的蝙蝠蛾幼虫此时是最好的选择对象。入侵虫体的真菌孢子依靠吸食寄主体腔的营养物质萌发菌丝并大量增殖。受感染的幼虫开始变得焦躁不安，不断地向上蠕动，直到距地表二至三厘米的地方，头上尾下而死，这就是"冬虫"。幼虫虽死，体内的真菌却日渐生长，直至将虫的五脏六腑全部消耗殆尽，仅留下一具完好无损的躯壳。来年春末夏初，从虫子的头部会长出一根高2—5厘米的紫红色"小草"，顶端隆起菠萝状的子囊壳，这就是"夏草"。到六月中下旬，子囊壳和子囊孢子逐渐成熟。成熟的子囊孢子从子囊壳口弹射出来，散落到土壤中，在适宜的条件下又去侵染其他的蝙蝠蛾幼虫。

在自然界，虫草属的昆虫寄生菌是很普遍的。除了前述所说的蝙蝠蛾外，还有蚂蚁、黄蜂、蜻蜓、蟋蟀、螳螂、蜘蛛、金龟子、吹沫虫……全世界已发现的共有400多种昆虫能被虫草菌所寄生。包括了鞘翅目、鳞翅目、膜翅目、直翅目、双翅目等种类。如果说，昆虫在行动迟缓、表皮柔嫩的幼虫阶段以及闭关入定、不吃不动的茧蛹阶段一般难以抗拒侵袭的话，那么，成虫阶段的它们尽管有着利牙、毒刺和坚甲、硬壳武装，而且反应灵敏，行动迅速，甚至能上天入地，但照样逃脱不了真菌的攻击。真菌不仅会避实就虚，从成虫的口器、呼吸管、关节连接膜以及受伤伤口进入它们体内，而且还会施展攻坚武器，分泌一种壳质酶，直接穿透成虫甲壳进行突破。例如人见人怕的黄蜂，也有它的对头克星——蜂头虫草。

大多数的虫草菌一般都有特定的侵染对象，并形成有特征性的"草"，这叫专性寄生。而有的虫草菌的寄主范围就比较广，如蛹虫草菌的能够感染对象就有十几种之多。

有意思的是，虫草属真菌对寄主的要求，不只是获取营养的来源，更是施行繁衍的工具。泰国的热带雨林中有一种偏侧蛇虫草菌，其主要寄生对象是一种莱氏弓背蚁。偏侧蛇虫草菌的孢子感染蚂蚁后，一面疯狂噬取蚂蚁体内的营养物质开始它的发育生长，一面又牢牢控制蚂蚁的行为举止，利用蚂蚁的身体帮助寻找最为适合自己的生长繁殖场所。被感染的蚂蚁先是抽搐战栗，继而便鬼使神差般地听任摆布。它们迈着艰难步履离开蚁穴，如同僵尸般地踏上"死亡之旅"。最终会爬到丛林中离地25厘米左右树叶背面，牢牢咬住突出的中央叶脉，紧闭牙关，最后死去。令人不解的是，蚂蚁死去的位置恰恰是真菌结实繁殖的最理想环境：处于林木背阴一侧，晒不到太阳；温度在20℃—30℃之间；湿度保持在94%到95%上下。很快，偏侧蛇虫草菌就把蚂蚁体内的营养物质消耗一空。最后它的子座——带有孢子囊的一支红棕色茎秆冲破蚂蚁脑壳生长出来，释放孢子，在蚂蚁尸体下方形成一个面积达1平方米的感染区，路经这里的其他莱氏弓背蚁就会感染上致命的真菌。虫草菌之所以要操纵蚂蚁死在离地25厘米左右高的位置上，原来就是为了构建这样的"夺命地带"。为了证明选择这样的地点对虫草菌的重要性，研究者们找到几十只受到感染的蚂蚁，一部分留在真菌驱使它们去的地方，另一部分挪到周围的其他位置。结果在前一类地点，虫草菌全部长出了子座。而被挪动过的真菌却没有长出来，也就无法对蚂蚁们构成新一轮的威胁。科学家们在德国莱茵河谷发现了一件4800万年前的树叶化石，叶脉上面竟然有着29个蚂蚁齿痕，表明至少有7只蚂蚁狠狠地咬过它。这种咬痕非常独特，只有被真菌感染的蚂蚁才会如此行动，而莱氏弓背蚁的咬痕和德国化石上的咬痕居然如出一辙。说明这种蚁虫草的存在已有5000万年的历史了。于是人们给了它一个"僵尸真菌"的称号。

当然，蚂蚁们也不会坐以待毙，它们会通过彼此间的毛发梳理来减少真菌孢子感染的机会。还会以毒攻毒，引进一种能够在"僵尸真菌"上生长的重寄生真菌，有效地遏制"僵尸真菌"的孢子传播，因此避免了更多的蚂蚁变成僵尸。

菌生真菌龙虾蘑

在北美的混交林里采蘑菇，如果运气好的话，你会找到一种非常奇特的美味——龙虾蘑菇。这种蘑菇浑身上下颜色通红，外表有着许多小小的细粒凸起，帽伞向上翻曲卷起。剖开里面是雪白而清晰的肌理，犹如一只煮熟的大龙虾。做成菜品端上餐桌，那令人惊艳的造型颜色，直勾起你肚子里的馋虫。紧致又富有弹性的菌肉进到嘴里，便会有一种芬芳漫溢口腔、鲜香缠绕齿舌的感觉。素菜可以做成荤食，山珍竟然吃出海味，真是妙不可言。更令人不可思议的是，这种蘑菇中的一些个体不用添加佐料，天然就具备一种麻麻辣辣的胡椒味，嗜好者真可以大快朵颐。

可是很多人并不知道，这些蘑菇原本只是一些很平庸的品种——短柄红菇或白乳菇，不仅相貌平平，而且滋味也乏善可陈。尤其是白乳菇，天生有一种刺鼻的辛辣味，即使长在路旁也少人问津。然而有一天，当它们被一种寄生的子囊真菌——泌乳菇盯上并侵犯后，事情就起变化了。入侵者迅速用密密的子囊果覆盖了寄主的子实体，在表面形成一层漂亮的红色硬壳。

它们一方面贪婪地攫取寄主的体内营养供自己享受，一方面还分泌出某些特殊物质改变寄主的体态外观，甚至使它们的风味、口感变得不同。白乳菇原本令人难以接受的强烈辛辣味也被淡化中和成了胡椒味，特别受到大众的欢迎。在北美餐馆，龙虾蘑菇作为一种高档食材，被用来凉拌、煎炒、嫩烤，还成为制作海鲜浓汤、意大利烩饭不可或缺的原料。

　　在自然界，真菌除了能够以动物、植物体为寄生对象，也能与其他真菌建立寄生关系，这种现象称之为"菌生真菌"或"重寄生菌"。目前已知或查明能寄生于大型真菌上的寄生真菌种类有子囊菌、担子菌等四个门类数百种之多，其中不乏"一种蘑菇上长另一种蘑菇"的奇观。寄生星形菌专门攻击烟色红菇，毛头鬼伞往往被娇小可爱的寄生脆柄菇役使，而星孢寄生菇则喜欢长在稀褶黑菇的菇盖上，恍若玲珑精致的小圆桌上摆着的微型杯盏酒具。寄生牛肝菌孢子的目标指向是橙黄硬皮马勃，一旦在其体内完成生长发育，牛肝菌黄澄澄的子实体就像雏鸡破壳一样顶穿马勃的皮壳露出头来。除了担子菌外，很多子囊菌也是寄生真菌的好选择。例如虫草属有 7—8 种真菌喜欢寄生在大团囊菌的子囊果上，它们长出的子座形态各异，有的圆头，有的分支，有的柔柄，有的像朵美丽的虾夷花。

　　寄生真菌和寄主的营养关系主要有两种，一种是活体营养型，另一种是死体营养型。在活体营养型中，寄生菌和寄主之间只是形成一定的侵染结构，从活体组织中获取营养，对寄主的危害较小。它们的寄生策略也有多种：有的只是表层接触，通过专门的吸收细胞获取寄主的营养，"迫其上贡"；有的在寄主细胞间游走蔓延，以吸器深入细胞内吸收营养，"夺其口粮"；还有的则深入腹地在寄主的组织内部当起殖民者，"鹊巢鸠占"。活体营养型中，寄生菌一般选择的对象比较专一，因此，它们大多数是专性寄生菌。

死体营养型中，寄生菌一般采用"李代桃僵"策略。它们以酶解或产生有毒物质的方式逼迫并最后导致寄主死亡，然后从死体组织中获取生长所需营养。这类寄生菌大多兼备腐生性营养功能，所以它们的寄主选择范围一般比较宽泛。不过也有例外，长在铦孔菌上的一种偏脚菇，它的菌丝居然会借助铦孔菌的组织、菌柄向下延展，一直伸到这两种真菌都能获得营养的基质里，彼此"和平共处"同餐共饮。

擅长捕食的高手

自然界有爱"食肉"的植物，那些会利用特殊器官捕食昆虫的猪笼草、茅膏菜、瓶子草常常被人津津乐道。可要是说蘑菇也有"捕虫为食"的本领，大概就少有人知道了。其实确有不少种类的蕈菌是长于此道的，它们喜欢捕食土壤中的线虫和其他一些微小生物。

线虫属于假体腔动物，种类繁多，生活范围很广。它们个体很小，体长一般在0.5—3毫米，圆柱形，两端尖，具有透明的隔腔。体表有着致密坚韧的角质层。在土壤中生活的线虫有的以真菌和细菌为食，有的则喜欢啃噬植物的根茎。它们繁殖很快，数量密集区每平方米土壤中竟然能高达两千万条。

捕食线虫的蕈菌通常有一个营养菌丝形成的特殊捕食结构，手段五花八门，各有妙招。较多的是黏捕形式，如黏性网、黏性球、黏性分枝、冠囊体，其他还有采用毒液瘫痪、菌丝缠绕、孢子寄生等方法的。

亚侧耳属的菌类多采用黏性捕食的特技手段。在周边有线虫存在的情况下，亚侧耳的营养菌丝会在顶端长出一个"8"字形（沙漏状）的黏性球。上面包裹着厚厚稠稠的黏液层，一旦线虫从旁经过，黏性球就会粘住线虫的表皮角质层将其捕获。感到危险的线虫会拼命挣扎，甚至不惜使出表皮内外层分离的"金蝉脱壳"伎俩，可是菌丝却有应对的高招，黏液球释放的黏液中有一种凝集素，它会和线虫表皮层上对应的一种糖蛋白受体互相识别，于是便轻易闯入。线虫最后无计可施只得俯首就擒，菌丝随即侵入捕获的虫体大肆掠食直到吃空猎物。

侧耳属的菌类则施展毒杀捕食的高超手法。成熟的营养菌丝上长着一个个匙状分泌细胞，顶端分泌出含有对线虫有毒物质的微小液滴——毒素球。当线虫在菌丝间穿行触碰到毒素球，体表即会粘上毒素。几分钟内，线虫的活动就迅速减弱，接着被麻痹击倒，出现体液外渗。菌丝随即朝线虫方向聚集靠拢并大量增殖分支，或选择从其前后端的口孔钻入，或以分泌酶和机械作用穿透其表皮角质层侵入。进入虫体后的营养菌丝迅速生长，两三天的功夫就能全部占满线虫体腔，最终将虫体完全消解吸收利用，然后穿破体壁长出大量带毒素球的菌丝。

柔软纤细的菌丝究竟是如何攻破线虫那致密坚韧的体表结构的？为了揭示这一秘密，澳大利亚莫纳什大学和伦敦伯克贝克学院的国际研究小组应用同步加速器和低温电子显微检查等新型技术，对一种被称为"侧耳细胞溶解酶"的功能作用进行研究。并且通过分子快照技术，将这种酶作用于对象的过程拍成视频影像。科学家们介绍说，这种酶是一种能"打孔"的特殊蛋白，它在作用过程中会移动、展开和再折叠，在靶细胞上打孔进而有效杀灭目标，同时为其他杀伤性细胞的进入打开通道。

蕈菌"食肉茹荤"的喜好还不仅于此，科学家们发现一些侧耳属的菌类还爱吃一些细菌和微型真菌！例如糙皮侧耳的菌丝会屡屡发起对土壤杆菌、假单孢杆菌、固氮菌、欧文氏菌以及齿梗霉等的围剿攻击，并最终吞噬它们。在实验室进行的培养试验中，人们观察到侧耳的营养菌丝一旦发现周围有其他的细菌菌落，就会向其方向聚拢并发动攻击，从多个点上完成对细菌菌落的穿插、分割、包围。之后，菌丝中的摄食细胞便分泌细胞溶解酶和其他酶来杀死并分解细菌。令人惊奇的是，摄食现场的菌丝并不自己享受美味，它们只是将获取的营养物质通过菌丝网络转运至真菌生长繁殖需要的其他地方。最后，细菌菌落被完全消灭，人们只能根据留下的一团团被完全消解吸收的细胞空壳，才能判断出先前的菌落大小和形状。

至此，人们不禁要问，生长在森林树材上的侧耳、亚侧耳属菌类，都是依靠消化吸收木质纤维素等"素食"营养为生的木腐菌,为什么却这么喜好"肉食"呢? 科学家们给出的解答是:蕈菌生长最主要的营养因子是碳源和氮源,并且对这两者的需求比例一般在30:1左右。而自然环境中的树木往往碳含量很高而氮含量很少。如靠近树皮的外圈木材,碳和氮的含量比例一般高达300:1,中间的芯材部分更是悬殊到1000:1。难怪长在树木上的蕈菌在生长发育时就会面临"氮饥渴"的尴尬境地。为了满足自身的营养需求,不甘寡淡的蕈菌便会选择从其他生命形式那里获取必要的营养补充。于是能提供丰富氮源的线虫和一些固氮细菌就成了蕈菌们掠食的大餐。看来,木腐菌的捕食能力也是生物不断进化的一种表现啊。

有人担心侧耳采用毒性物质捕食线虫是否会影响食用安全?为此专家们解释说,侧耳只是那部分长在地下或树皮中的营养菌丝才具备捕虫功能,而长出来的蘑菇子实体则已无此本领,完全奈何不了线虫。甚至会发生线虫反过来啃食蘑菇或者在菌褶中繁殖产卵的现象。同时专项检测也证明食用平菇(侧耳)是安全的,大家尽可以放心大胆去品尝这些美味。

会种蘑菇的蚂蚁

农业生产是人类社会进化过程中的一个重要标志，不过大家是否知道自然界还有一个天生就会从事农业生产的族群？它们在几千万年之前，就以种蘑菇、吃蘑菇为生，沿袭至今。它们种的蘑菇往往异常鲜美，人们趋之若鹜却又无法仿效复制。这个生物族群就是蚂蚁。

南美洲有一种切叶蚁，又叫"蘑菇蚁"。它们从树木和其他植物上切下叶子，将叶片用来种植蘑菇，并用长出的蘑菇喂养幼虫。切叶蚁的原料加工过程很有趣。通常，是由体格健壮的工蚁担任出巢采集叶子的任务。找到合适的植物后，工蚁们便用锋利的牙齿咬住叶片，通过尾部的高频率振动使牙齿电锯般地把叶子切下新月形的一片来。同时，它们还会发出信号，招来其他工蚁加入到锯叶的行列中。完工后，工蚁们便噙着一片片叶子，将"劳动成果"带回住所——蚁巢去。

蚁巢可以说是一座构筑宏伟精巧，布局井然有序的"地下王国"。里面有内区建筑和外围建筑之分，内区建筑安排得比较温暖，设有供奉蚁后的"王宫"，抚育幼蚁的"育儿室"，栽培蘑菇的"菌圃"。外围建筑则建得较为凉爽，设有储藏菌菇的"仓库"和垃圾倾倒室等。在巴西曾发现过一个特大蚁巢，占地面积足有50平方米，地下深度竟达8米，大约有数百万只蚂蚁生活在其中。人们计算了一下，要建造这座地下城市，蚂蚁们搬运的土方足有几百吨之多。这种地下王国的设计非常巧妙，蚁穴的核心部位和各个功能场所都有通道连接，还有辅路蔓延分叉。乍一看，这些通道线路纵横交错不断延伸，有如迷宫一般。可是仔细一分析，蚂蚁们居然采用了最短化的运输路线设计。更使人惊诧的是，蚁巢的通风系统巧妙地利用了热对流原理，可以保持巢内稳定舒适的温度和合适的二氧化碳浓度。

在蚁穴里，体型较小的园丁蚁会把工蚁带回的叶子切成小块，随后将碎叶片送入下一个工作室，由那里的园丁蚁再把其嚼成浆状，并把一种排泄物积沉的肥料浇在上面。在一间专设的栽培房里，园丁蚁把这种混有肥料的叶泥铺贴在一层干燥的叶子上，并从老的栽培房里把碎片菌种一点点噙过来，种植在叶浆上。慢慢的菌圃上就会长出小球茎状的白色菇蕾。还有一些司职管理的园丁蚁，它们小心翼翼地照料着栽培房，负责疏间长得过于稠密的菇蕾和清理脏物，并把收获的菇蕾送去哺育幼蚁和奉养蚁后。那些刚出生的蚂蚁幼崽，好像一大群嗷嗷待哺的小羊羔，熙熙攘攘地挤在一起，尽情地享用着美味的食料。吃不完的菇蕾，会被送到仓库储存起来。这些小白菇蕾其实只是蚁巢菌的一个发育阶段，它们逐渐发育成熟，一旦条件具备，就会破土而出，成丛地生长在白蚁窝上。

在地球的热带和亚热带地区，有近百种蚂蚁能"种蘑菇"。在它们所经营的菌圃上，长着各种形状不同的球茎菇蕾。我们称之为"蚁巢菌"。目前发现的蚁巢菌属大约有二十多个不同品系，非洲的大鸡枞菌伞盖直径甚至可达1米，而小白蚁伞的菌盖直径却不到2厘米。

和所有的庄稼一样，蚁巢里的菇菌也会受到病害的侵袭。例如一种可怕的霉菌感染，会使蘑菇在几天内全部死光，直接导致整穴蚂蚁全部饿死。那么，蚂蚁究竟是如何来控制病害的发生呢？科学家经过长期的观察研究，发现切叶蚁竟然掌握了一整套对付外来病害侵袭的办法。它们采用区域隔离的办法，将不同的树上采集的叶子分别放在不同的房间里。如果某部分的叶子发生污染，影响到蘑菇的生长，就可以定点清除，避免所有的叶子都不能被使用。工蚁们悉心地照料着它们的栽培房，始终保持高度的清洁卫生，它们会不断地打扫房间，把各种异物和腐烂物送出巢穴或转入专门的垃圾处理系统。在一些特殊的房间里，一类避免与群体接触的工蚁专门负责把垃圾暴露在空气中，以加速它的分解。更为惊人的是，这些蚂蚁的身体上竟然携带着一种高效的抗生素物质。它们的嘴巴和前肢上隐藏着许多细小的腺窝，里面寄生着一种能产生抗生素的细菌。这些腺窝又连接着一些通向体外的细孔。那些蘑菇园中忠于职守的蚂蚁，一旦发现病害霉菌就会喷出随身携带的抗菌素将其消灭，防止疾病的蔓延。这种抗菌素还能刺激蘑菇的生长，真是一举两得。切叶蚁分群时，蚁后会将蘑菇菌种含在口中，连同随身会分泌抗菌素的工蚁，到新的巢穴传种，所以切叶蚁的蘑菇农场能延续至今，历经千万年而不衰。不过科学家们至今疑惑未解的是：人类长期使用抗生素后会产生抗药性导致药效减退，但蚂蚁所用的抗生素却并未使病菌产生抗药性。

共栖共生菌根菌

　　到森林里采集野生菌类，有经验的人们往往先注意找寻一些特定的树种，因为在那些林子底下，经常可以觅到一些口味鲜美乃至十分名贵的菌类。例如在冷杉树下通常可以找到色彩艳丽、香气馥郁的鸡油菌；在松栎混交林中容易发现菌体硕大、美味可口的牛肝菌；松乳菇欢喜栖息在马尾松林；松茸蘑习惯藏身于赤松林下的草丛中；而昂贵的黑白松露只有在法国、意大利的橡树林下才露踪影。似乎菌类和这些林木之间有着某种特殊的关系，随之而来的还有一个问题是，这些受大众追捧的美味菌类，几乎都没有办法进行人工栽种，这到底是为什么呢？

　　一百多年前，德国植物生理学家弗兰克在进行林地探查时，留意到某些树木的须根上包裹着一层菌丝。这究竟是偶然缠绕在树根上的土壤真菌呢，还是栖居于树根上的病菌呢？经过多年研究，他揭晓了生物界的一个奥秘，这是一种真菌菌丝和植物根系的共生结合，他把这种结合体定名为——菌根。而能够与植物形成菌根关系的真菌就被称为"菌根菌"。

　　菌根真菌与高等植物之间互惠共生，彼此交换各自所需。植物借助菌根菌吸收水分、无机盐等养分，而菌根菌也从植物体中摄取自身生长所需要的糖分和其他有机物，并且在植物宿主提供的环境庇护下产生子实体，完成生活史。两者真是生死相依，难以割舍。这就是人们何以依据林木指示常能采到珍稀菌类的缘故，同时也是菌根菌难以单独从自然野生转变为人工栽培的原因。

　　通常是蕈菌的菌丝体在土壤里生长，遇到合适的林木根系时，就主动与它们结合。菌丝先是围绕植物幼嫩的须根表面蔓延生长，形成一个很薄的鞘套。鞘套外的菌丝伸出又细又密的珊瑚状分支，起到代替根毛的作用。鞘套内的菌丝深入植物根外皮层的细胞间隙，形成互相连接的菌丝网络。这种以真菌菌丝从外部包裹植物根细胞，但并不进入细胞内部的结合形式，就被称为"外生菌根"。

　　菌根菌通过地下庞大的"菌丝互联网"帮助树木扩大吸收面积和吸收能力。菌丝体的数量异常惊人，在一小撮森林土壤里包含的菌丝断片连接起来竟有几千米长。而且菌丝十分纤细，可以深入到植物根毛难以企及的土壤缝隙。有人做过比较，真菌菌丝的吸收面积要比植物根系大10倍，延展长度要大1000倍，因而这些真菌可以源源不断地向树木提供充足的养料和水分。菌丝互联网还会连接周围相同或不同的树种，使植物之间建立起一种彼此能交换和重新分配营养的通道，一些生长较弱的植株往往因此得到帮助而迅速成长。

菌根菌还能通过它的酶系统分解森林土壤中的动植物残体，并转化成林木可以吸收的养料。真菌分泌产生的有机酸，可以加速矿质土壤的风化破碎，菌丝甚至可以穿透岩石，将溶解的矿化元素传递给它的植物朋友。菌根菌还会制造多种刺激植物生长的活性物质，这类物质能调节植物的生长发育，加快营养的转运吸收，促进根系的分化扩展，甚至可使树木提前四五年成材。

菌根菌的存在还为植物抵御病害提供了多重防卫机制。首先，在菌丝的覆盖范围及其附近吸引集聚了大量有益微生物菌群，抢占了有利的生态位，使土壤中的病原物难以入内立足施虐；其次，菌丝紧紧缠绕植物根须形成鞘套，为其穿上一层坚固的护卫"铠甲"，使病原物难以直接侵害根系；再次，某些菌根菌还会分泌抗生素，歼杀前来进犯的"敌人"。人们发现，与牛肝菌和铆钉菇共生的松树林一般较少有猝倒病的发生，而红蜡蘑能使苗木立枯病的危害大大降低。

菌根菌还可以改善土壤环境。菌丝产生的腐殖酸与多醣类形成胶质，能将分散的土粒胶结成团块状，增加土壤孔隙，改善土壤的通气，从而增强植物耐干旱、耐盐碱、耐贫瘠的能力。这对于实施逆境造林、恢复和重建退化生态系统以及解决土壤贫瘠化问题，都起着重大作用。

投之以桃，报之以李。植物同样也对自己的铁杆朋友倾心尽力，通过根系将自己经过光合作用形成的养料，源源不断地输送给菌根菌，并且为其遮避日晒、呵护冷暖、调节干湿，提供舒适稳定的生长环境。真是互惠互利，共存共荣。可以说，菌根菌和植物根形成的生物"结盟"，在维持森林生态的生物多样性及其良好稳定的环境状态方面发挥着巨大作用。

许多树种很依赖菌根，离开了它们就生长不良甚至无法存活。20世纪20年代，南美波多黎各为改善环境开展植树造林，苦苦经营了30年，先后从国外引种的27种松树苗木都因水土不服无法成活，最后还是将这些树种原产地的菌根土连带一起搬来才算把树种活了。

在经验教训面前，人们越发重视对菌根的研究，并且应用菌根技术来植树造林。采用人工培养的菌丝块或孢子液感染苗木幼根，诱导菌根的发生，可以大大提高苗木成活率并促进长势，这在逆境造林、荒漠绿化时，效果更加明显。1974年，我国南方某省为了改善环境，从国外引进了三个品种的松树苗木，不料首次试种，就发生了大面积的枯死。之后科技人员针对性地采用了菌根接种技术，使苗木的成活率平均达到95%。1987年，我国大兴安岭发生特大森林火灾，为迅速恢复火烧迹地区的森林植被，科技人员对樟子松、落叶松的幼苗实施了菌根化接种措施，这不仅使树苗成活率大大增加，而且树高生长要比对照组高64.3%。

另外，在丰富的外生菌根菌资源中，有许多都是名贵的食用菌品种。虽然菌根菌还难以进行单独的人工栽培，但科技工作者还是想出了一种"半人工"的栽培办法，即建设菌根菌专用林。1978年，法国首先试验成功黑松露的半人工栽培，以后西班牙、意大利以及美国、澳大利亚也先后建立起专门的块菌种植园，使这种珍贵的菌类形成产业化生产，取得了骄人的业绩。此外日本在松茸蘑、我国在松乳菇等品种方面也有突破。我国南方地区的红汁乳菇是一种经济价值很高的美味山珍，长沙市岳麓区的含浦茶场曾按照一亩地90株的标准栽下1800株带有红汁乳菇菌种的马尾松，5年后进入红汁乳菇的盛产期，春秋两季都能稳定收获。产量比相同条件下的自然生长提高了十几倍，实现了"地上长林木，地下出蘑菇"的一举多得。

地下兰生活之谜

　　自然界绝大多数的植物都是自养型生物，它们含有叶绿素，能利用光能进行光合作用制造出自身所需的养料。不过也有极少数属于异养植物，它们体内没有叶绿素，不能自己合成养料。有的寄生在其他植物体上，从寄主身上吸取现成的养料生活，被称为寄生植物，如菟丝子；还有的则直接或间接地从腐烂的动植物残体上摄取养料，称为腐生植物。全世界现今已知的腐生植物有400多种，分布在87个属11个科。著名的兰科植物里就有很多品种是采用腐生的营养方式。

　　1928年，澳大利亚西部小镇的一位居民，偶尔闻到一股沁人心脾的奇异幽香正从自家花园地面的裂缝里飘散出来。好奇的他随即扒开土壤探个究竟，结果发现了一株非常奇特的兰花。这种兰花完全长在地下，没有根系，只有一个肉质块茎；也没有绿色的叶子，剩下一些退化的鳞叶紧紧地包裹在直立的花茎上。花茎上端长着一个形似郁金香花样的花苞，头状花序。外圈是8—12片奶油色的舌状苞片，内圈绽放着上百朵美丽的栗色小花。消息传出，立即引起轰动，人们不仅为它的绝世芳姿所倾倒，更为它的"身世"背景而着迷。经过专家们的探访，证明地下兰从种子发芽、抽薹、开花到结果的整个生命过程都是在地底下完成的。它发出强烈香气吸引土壤中的白蚁为其授粉，并依靠在地下穴居的有袋动物来传播种子。不过令人费解的是，经过基因检查，发现这种地下兰已经丧失了大部分的叶绿素质体，根本无法通过光合作用来制造营养，也缺少发达的根系吸收水分矿质。那么它们的生长发育究竟依靠什么来支持呢？科学家们依靠同位素示踪技术，才最终揭晓这一谜团。原来地下兰与一种叫白纱亡革菌的菌根菌结下了"生死之交"，通过这个密友与当地特有的具钩白千层树的根系连接起来。地下兰需要的营养，便是源源不断地通过这些管道被偷送过来，供其发育成长的。

　　除了地下兰，无叶兰、鸟巢兰、盂兰、山珊瑚以及天麻等品种都同属腐生兰之列。它们的共同特点是，既缺少吸收养料水分的发达根系，也找不到光合作用的工厂——绿色叶片，只能依赖某些合作的菌根真菌来提供养分。这些真菌的高妙之处在于左右逢源：一边挽手兰科植物建立共生关系形成菌根（专业名称叫兰科菌根）；一边又同附着的树根或其他有机物紧密合作，建立起源源不断的营养供给大本营。因此严格来讲，把这些腐生的兰花品种定义为"菌根营养植物"或者"菌媒介异养植物"似乎更为贴切。

　　兰科菌根属于内生性菌根，它们的作用主要有两个，第一个是促进兰花种子发芽。因为兰花种子细若粉尘，轻似绒毛，几乎没有胚乳，也就无法在种子萌发时段提供足够的营养。而真菌遇到兰花种子，会伸出菌丝突破其种皮，从胚柄端的柄状细胞侵入种子原胚，进一步在外皮层细胞中扩展，形成菌丝结。当菌丝进一步侵入内皮层时，就被兰花原胚细胞捕获消化变为营养源。种子据此开始萌发，分生细胞大量分裂，种胚逐渐长大发芽顶破种皮，形成原球茎，继而长出长长的营养繁殖茎。

　　兰科菌根的第二个作用是保证兰科植物生长阶段的营养供应。生长的菌丝会破坏植物的根被细胞侵入其皮层细胞内，然后力量对分，一部分菌丝打头阵，它们四处延伸，吃空细胞，缠绕在皮层细胞核周围，形成螺旋状的菌丝结或者形状不规则的菌丝附着物。另一部分菌丝留作预备队，保持松散状态待命而动。不过兰科植物也深谙"将欲取之，必先予之"的策略，在它们的皮层组织之下，有一道坚固防线——消化层组织，等到攻入的菌丝锋芒稍减，植物根细胞便会使出杀手锏，释放溶菌酶将这些菌丝结消解吸收，变成自己的美食。真菌方自然不会善罢，原来待命的那部分菌丝会迅速动员，再次包围皮层细胞核形成新的菌丝结。同时也把从腐木或活树上吸取来的养料，源源不断地泵送过来。结果当然是命运如前，而兰花依靠这样的营养输送，一天天长起来。

不过，兰花品种和菌根真菌并非都是从一而终白头到老的。例如天麻在种子发芽阶段是靠紫萁小菇等小菇属萌发菌鼎力相助，而进入生长阶段则改由蜜环菌来接手；倒吊兰前期会属意毛栓菌作为"娃娃亲"，而长大后选择的"真命天子"却是桦褶孔菌。

自然界的真菌异养植物中还有一个奇葩大类是水晶兰亚科。它们名字中虽然也有兰，不过却是杜鹃花目鹿蹄草科的植物。这些品种大都生活在浓荫遮蔽、阴暗潮湿的密林深处。或许就是这种难见天日的特殊环境生态，使它们原有的光合功能逐步退化，最终放弃自养而选择异养。所以这类植物的外观形态一般也比较特别。例如偶尔现身于松杉林下枯叶腐草里的水晶兰，像一支支伸出地面的倒挂烟斗，玲珑剔透，一袭素白，因此被人称为"冥界之花"。与它们相期相许的，是林中的红菇属菌类。北美徒步探险的旅行者会有幸在初春之际冰雪尚未消融的高山野地里，看到"雪域之花"血晶兰的盛开：殷红若血，赤灼如焰，在白雪背景的映衬下格外妖娆。它的左近，必定还有须腹菌与它形影不离。糖晶兰长得像一条条竖起的老虎尾巴，它们生性挑剔，要傍的菌根菌可是大款——北美松茸。

还有沙晶兰、松下兰、松滴兰等，它们也各有自己的真菌"闺蜜"。水晶兰属的菌根类型和兰科菌根又有不同，真菌菌丝既在水晶兰的根系外部形成菌套和哈蒂氏网，又向内楔入根被的表皮组织，刺进细胞内部，属于一种比较特殊的"内外生菌根"。

可怕的森林杀手

　　20世纪末，位于美国俄勒冈州东部布卢芒廷山脉的马霍尔国家森林公园中的原始自然林不断发生树木莫名枯死的事件。尽管管理人员采取了许多措施，却依然未能控制事态的发展。眼看着那些拥有上百年树龄的高大冷杉接二连三地枯萎凋零，人们一筹莫展。西北太平洋研究中心的女科学家凯瑟琳·帕克斯博士得知此事后赶到了现场，并且深入灾情最严重的地区进行调查。她发现那些百年巨杉几乎都是从根烂起，而那些树木大量死亡的地带却大片大片地长着一种金黄色的蘑菇。这种被当地人称为"蜂蜜蘑菇"的菌类数量之多、生长之盛令凯瑟琳博士内心隐隐不安：是否这就是使林木枯死的元凶？她立即决定扩大调查范围，从公园不同受灾地区的112棵死树根部提取生物样本，DNA化验的结果让凯瑟琳大吃一惊：每个样本都发现了菌类，并且这些样本均属同一株体！得知这一情况，研究中心立即指派得力助手，政府部门也组织各方面的专家协助凯瑟琳进行专项研究。

　　谜底逐步被揭开，原来这种蜂蜜蘑菇的正式学名叫奥氏蜜环菌，是一种林木寄生性真菌。它的菌丝体常年生长在地底下，深度甚至可达 3 米。虽然生长的速度异常缓慢，但在生长过程中，它会沿着树根从一棵树下蔓延到另一棵树下，伸出无数根鞋带状的黑色根状菌索，吸收森林土壤中的水分和养料。这些可怕的死亡触手还会进一步伸进林木的树干和根部，把林木体内的水分和营养吸得一干二净，造成严重的根朽病。所以，无论是上百年的参天大树，还是刚成型的幼小苗木，只要被它缠上后最终都难逃噩运。那情景就如恐怖电影中描述的吸血鬼吸食人血一样！

研究调查的结果还有一个令人震惊的意外发现：这株巨型"蜂蜜蘑菇"的覆盖范围居然达到了 880 公顷，相当于 1665 个标准足球场那么大；按照生长速率估计，这个巨型蘑菇的年龄应该为 2400 岁，但科学家猜测，它的实际年龄可能高达 8650 岁——所以它可能是地球上年纪最老的生物之一。它的总质量估计达到 650 吨重，无疑是世界上迄今为止发现的最大生物体了。

美国曾多次发生因真菌过量繁殖而导致森林大面积枯死的毁林事件，其中 1992 年、1998 年和 2003 年的这 3 起事件的罪魁祸首都是这种蜂蜜蘑菇。类似事件在加拿大和欧洲等国也有上演，只不过影响程度有所不同。这种"森林杀手"一般很难被人觉察，因为绝大部分时间，它们是以菌丝体的形式潜伏在地表以下蔓延生长，并且选择树根为入侵目标进行攻击。只有树木发生死亡，并且在地面上长出了肉眼可见的蘑菇子实体，人们才会发现它的存在。另外，由于被侵染的林木往往并不在同一时间和同一地点枯死，因此表面上看极像是自然淘汰的结果。

科学家们分析认为：通常情况下的菌类不会长得如此庞大，也不会杀死如此众多的树木，这种过量繁殖可能跟俄勒冈州近年来少见的干旱气候有关。因为环境的极端恶劣，能够提供的水分养料有限，蜂蜜蘑菇就对寄主采用这种"杀鸡取卵"的攻击方式，疯狂地进行掠夺性扩张了。

神秘的发光蘑菇

说到自然界的生物发光，人们往往会首先想到萤火虫。其实，蘑菇也会发光。

日本有一种生长在阔叶树上的灯光茸，黑夜里远远望去，宝石般晶莹剔透，又如礼花样熠熠生辉，当地人称之为"鸠之火"。鳞皮扇菇是北半球常见的发光菌类，孢子成熟时会发出很亮的绿色光芒，因此在西方有"狐火"之称。无独有偶，北美另一种亮橙色奥尔类脐菇则被喻为"鬼火"，人们把它比作万圣节幽灵手中提的南瓜灯。

公元前4世纪的古希腊大哲学家亚里士多德就注意到了"发光木"的现象，古罗马时代的博学家老普林尼也描述过法国境内橄榄树林的菇类发光。目前，全世界已发现了71种发光菌类，除南极洲外，在欧洲、亚洲、非洲、南北美洲和大洋洲都有现身。它们几乎无一例外都是担子菌，主要是小菇属、脐菇属和蜜环菌属等种属。

各种发光蕈菌的发光部位并不相同。最常见的是子实体发光，而且大多集中在菌盖上。荧光小菇是最早被发现和命名的发光菌类。这种白天看似普通的小菌子，一到夜晚便会竞吐华彩，犹如一盏盏别致的小小灯笼，透射出辉玉般的绿色光芒，它的属名在希腊文中的意思就是"绿色的灯"。有的蕈菌是菌褶部位发光。簇生在山毛榉树上月夜蕈，晚间会发出青白色光芒，如同月光在林间洒落。把十几朵月夜蕈放在一起，人们甚至可以借此清辉夜读。在巴西圣保罗的雨林栖息地新发现的一种发光小菇，是在菇柄部位发出亮度很高的霓虹般绿色光芒，因此发现者给它命名为"光焰之茎"。

有的蕈菌只是菌丝体发光。著名的发光真菌——蜜环菌，有着极细的菌丝体分支，会在老树枯桩上无孔不入地进行渗透，犹如蛛网般的贯穿包裹于树皮和木质层间。夏末之夜，尤其一场雨后，这些老树桩头，就会发出神秘的淡蓝色荧光，影影绰绰，忽明忽暗，造就一种"树发光"的奇异景象，不明就里的人往往将其视作仙女临凡的神迹，或是幽灵出没的鬼火。

更有的菌类子实体和菌丝体都不发光，但孢子却极有亮度。澳大利亚大草原成片生长着一种星菊菌，成熟时无数发光的孢子被风吹起，犹如亿万流萤在夜色中漫天飞舞，随着气流幻化成一条巨型光练，扶摇翻滚，盘旋而上，把周遭照耀得如同白昼。如此壮观景象，真是令人目眩神迷，美到窒息。

人们还观察到，菌核金钱菌、毛金钱菌，发光的只是菌核部位。

这些发光蕈菌发出的光色并不相同。有淡黄、碧绿、浅蓝、浅紫、橘红及白色，不过以黄绿为多。至于说到亮度，有人用感光器测量夜间发光的奥尔类脐菇，其竟然相当于晴朗月夜的地面照度。蘑菇所发出的荧光，在40米开外就能被人感知。在特殊情况下，单个子实体发出的光，人的肉眼在千米之外也能看到。发光菌发出的绿色光波通常在520—550纳米。

发光蘑菇与萤火虫、栉水母一样，是自然界具有发光能力的物种。这种生物发光实际是一种生化反应，与燃烧相比，它的发光效率极高，几乎可以把80%的化学能转化成光能，并且不需要也不产生大量热量，因而也被称为"冷光"。这是一种非常经济的照明光源，人们早就想到利用它。

17世纪，荷兰领事蓝弗在他的书中写道，印尼摩鹿加群岛的土著居民，把"在黑暗中发出蜈蚣一般的淡蓝荧光"的发光蘑菇当作灯笼，提着它在夜间丛林行走时照亮。密克罗尼西亚的原住民，会以发光蘑菇作为舞蹈时面部的装饰，或是涂在脸上吓唬敌人。而瑞典的农民则把长满菌丝的发光木放在极易燃烧的干草棚里作照明用。美国独立战争时期，大卫·布什奈尔研制建造出了第一艘用于军事的潜水艇"海龟"号，在当时还没有电力照明的情况下，他曾用一种当地称为"狐火"的发光蘑菇来解决舱内仪表的照明问题。第二次世界大战时，驻扎在太平洋地区的美军士兵夜晚将发光蘑菇装饰在钢盔和枪支上，以避免彼此误伤。美国的战地记者乔治·沃克在给他的妻子的信中写道："亲爱的，今晚我是在五个蘑菇的辉映下给你写信……"到了科学昌明的今天，蕈菌发光更成为一种资源在基因工程和生物医学领域被开发利用。科学家利用发光真菌在遇到有毒物质时，光会变得暗淡的特点，将其作为生物标记用于环境监测。

日本的八丈岛以及太平洋上的小笠原诸岛是世界上少有的发光蘑菇栖息地之一，人们在这里至少发现了9种发光蘑菇。每年仲夏，当地的旅游部门就会推出诸如"森林仙境仲夏夜之梦"和"绿色佩佩"夜晚之旅的特色项目，吸引成百上千的游客来观光。在这片发光真菌的国度里，人们犹如踏入一个奇幻的世界。和着鸣虫的浅吟低唱，黑黝黝的森林地面就像缀满了万千繁星。近处清辉点点，远端绿光荧荧，养眼的簇生小管菌仿佛深邃夜海中盈盈飘曳的绿色水母，炫目的夜光茸恍若幽暗矿洞里频频露头的晶莹翡翠。人们徜徉在这梦幻般的奇景中，放松身心交付大自然，享受着一种无比的清新惬意。

蘑菇为什么会发光？原来在它们的细胞组织中存在着两种物质：荧光素和荧光素酶。荧光素是一种发光蛋白质，在荧光素酶的催化作用下，只要有某种因素触发，就会产生发光反应。而且这种反应一开始，就能用肉眼观察到发出的亮光，两到三分钟后发光强度可达到最大值。蘑菇发光必须在有氧的条件下才能进行，并且其光亮度及持久性是受环境温度及水分制约的，同时也会因蘑菇本身的营养条件及衰老状态的改变而变化。革耳菌在干燥时不发光，但水分合适时就会发光。环境温度也和真菌发光有关系。侧耳菌的适应能力很强，在 $-2℃—37℃$ 情况下都会发光，但最适宜的温度应该是 $16℃$ 左右。

蘑菇为什么要发光？有人曾观察到许多昆虫夜晚聚集在发光蘑菇附近，甚至发现菇体有被动物啃食、践踏的现象。因此推断这是为了诱使某些趋光性的生物（如昆虫）以帮助孢子传播的生命延续方式。也有的观点认为蘑菇发光是为了吸引更大的捕食动物来对付侵害的天敌，以化解自身的危机。但是这些推断并不能完整解释蘑菇的发光原因，因为像蜜环菌，其发光部分只是侵入树皮或其他基质的菌丝体，而传播孢子的子实体并不发光。美国旧金山州立大学的丹尼斯·德斯贾尔丁博士提出了他的新看法，认为已知的发光菌都是可以分解木质素的白腐菌，可能是在降解木质素过程中，放出过氧化氢的解毒反应而造成发光，发光现象只是菇菌吸取营养（代谢）过程中的一种特殊的生化反应。

蕈菌与世界神话

远古神话作为人类文化最初始的形态之一，是先民们认识世界的思想表达。从世界范围来看，生活在不同地域的许多古老民族，都赋予了自然界的菌菇神圣的色彩，演绎出许多奇美怪异的故事传说，镌刻下了人类原始文化宝典中的精彩一页。

蘑菇是什么？它们从何而来？先民们看到雷雨后地上会突然长出大量蘑菇来，便认为是上天之"神"派来的。古埃及的象形文字记载里，把蘑菇称为"神之子"，它们乘着闪电来到大地，是不朽的植物。希腊神话中，蘑菇是万神之神——宙斯驱使雷霆播下的"神的种子"。罗马神话的叙述与其一脉相承，只是把有关神祇变成了朱庇特。在北欧神话中，是雷神托尔把他的锤子掷到了大地上，霹雳闪电后长出了大批的蘑菇。在中亚撒马尔罕的古老传说中，伟大的女性天神妈妈抖下她灯笼裤上的虱子，滚落到大地上变成了蘑菇。而中美洲拉文塔文化中，雷电交加的滂沱大雨，是天父和地母在交合孕育，由此诞生了蘑菇。古老的奥尔梅克文明史上，记载了另外一个神话故事：金发玉眸的羽蛇神用骨头和自己的鲜血创造了人类，他匆匆穿越旷野，血从他的伤口溅落到大地上，化成无数的红色蘑菇长出地面。生活在澳洲土地上的土著居民，则认为蘑菇的长出是天上星星的坠落。

蘑菇也是许多民族创世神话的重要题材。在古代非洲芳族部落的神话里有着这样的描述：原始之初，太空里漂浮着许多"宇宙蛋"。一颗大的"蘑菇蛋"上部撑开（菌伞）演化成了天空，下部伸展（菌托）变成了大地。其他的"蛋"里陆续诞生了太阳、星辰、山脉、河流、土地和人类祖先，所有这一切组成了美妙的世界。北美海达神话中有许多关于人类起源的故事，其中之一是：创世神大乌鸦在海边的贝壳里发现了最早的男人，觉得他们孤单寂寞，便在一个凸长在树干的大蘑菇上画了张脸，造出了一位大眼睛、有着超能力量的真菌人。大乌鸦带领真菌人划着独木舟，载上陆地上的各种生物，出发去寻找能够繁衍生命的对象。最后从海里的石鳖中找到了地球上最早的女性，人类由此生生不息。

古代先民们看到小小的蘑菇能够冲破岩石、泥块的重压生长出来，便认为蕈菌蕴藏着神秘超凡的能量。在古代因纽特人的神话中，一条鲸鱼搁浅在海滩上，破坏了世界的平衡。鸟首人形的英雄大乌鸦根据大神的指示，在月光下的森林里找到了蘑菇，吃后力量大增，把搁浅的鲸鱼送回了海里，维持了地球稳定。在古印度吠陀神话中，因陀罗自打降生起就嗜饮苏摩（蘑菇）酒，从而获得了强大无比的力量。他身体骤长，撑开了原先合在一起的天地，杀死了作恶的巨蛇……从而完成了开天辟地的创世伟业。古代阿兹特克人认为吃了蘑菇，能透视看到隐藏的物品，能预测未来战争的结局。而在古伊特鲁里亚神话故事中，蘑菇又是智慧之源，那些聪明、狡黠而又欢喜淘气恶作剧的人头马怪物，其灵气就来自食用蘑菇的嗜好。

蘑菇神话还承载了人类创造历史、改造环境的美好愿望。在古希腊这个盛产神话的国度里，有两座历史名城的建立在传说中都与蘑菇有关。一座是科林斯。足智多谋的西绪福斯创立了科林斯城并成为开国君主，无数的人群随后从蘑菇里涌出来成为该城最早的居民。还有一座是迈锡尼。传说宙斯之子、英雄帕尔修斯在完成一系列征战冒险后，来到了伯罗奔尼撒半岛东北的阿尔戈斯平原。又饥又渴的他看到身边长着一朵蘑菇，就随手采下吃了。随即感到身心畅快、困顿全消。帕尔修斯当下决定在此地建立城池，并用"蘑菇"（迈锡尼）命名该城。以后"蘑菇"这个词就和历史上最伟大的文明之一——迈锡尼文化联系在一起了。

在许多美丽神话中，蘑菇往往又被描述为上天拯救穷苦受难百姓的"神迹"。《圣经·出埃及记》里讲述了一段神奇的故事：摩西带领以色列人逃出埃及后，被困西奈半岛。面对缺水少粮，摩西祈求上帝给予帮助，结果奇迹出现，一夜之间无数可食的白色小圆物"玛纳"随着露水出现在以色列人的营地。人们以为天赐神粮，依靠它充饥果腹，走出了困境。现今的许多生物专家经过考证认为，"玛纳"就是一种白色的蘑菇。西部非洲的约鲁巴民族的神话故事中，有许多神灵救助穷苦百姓、点化蘑菇生出的唯美传说。其中有这样一个故事：古代部落战争时，一个小镇的居民为了躲避来犯的敌人，决定全体连夜逃走。结果在他们身后迅速地长出了无数蘑菇，覆盖了逃亡者的脚印。追踪而来的敌人望着那条长满蘑菇的路，判断小镇居民如果从此逃走，一定会留下踩踏痕迹，于是便转身向另一个方向追去。躲过灭顶之灾的该镇居民，从此便把救命的蘑菇奉为他们心中的神物。

公元前 5 世纪的浮雕，女神德默忒尔和她失而复得的女儿相视而立，手中举着两朵钟形的蘑菇。

"神菇"与原始崇拜

原始社会，先民们相信"万物有灵"，便产生了各式各样的原始崇拜。人们顶礼化育万物的日月天地，膜拜巍峨险峻的山川大河，将刚猛矫健的野兽飞禽奉为部落图腾，把浓荫蔽日的参天大树视为神祇化身。此外，大量的考古发掘和民俗研究显示，在史前时代不少地区的氏族部落里，还有很特别的"神菇"崇拜。那些部落首领或巫师通常会在宗教仪式活动或某种特殊场合，利用一些会产生致幻的菇类作为与神灵沟通的道具。

在非洲地处阿尔及利亚东南部阿杰尔高原的塔西利，保存着大量珍贵的人类旧石器时代山洞岩画。其中有许多与蘑菇元素相关的画作引起了学者们的特别关注。在南塔西利一个洞窟的岩壁上，画着一队头戴面具的舞者，他们右手握着蘑菇，从远至近鱼贯排列，展示出极美的跨步飞跃姿态。值得注意的是，在这些舞者手持蘑菇的接触点和头顶上方的距离间，还画有两条平行的虚线。有专家解读说，在许多旧石器时代的艺术中，虚线往往用来表示无形的东西，而实线则表示有形的物质。因而这幅画表现的内容应该与某种宗教仪式或精神祭祀有关。在塔西利的另一组洞窟画中，人们还发现了一个戴着蜜蜂头饰、拿着满把蘑菇手舞足蹈的巫师形像。研究者认为：这很可能是萨满教使用致幻魔菇与神灵沟通的场景，并推测其手持的菇类应该是一种致幻的裸盖菇。因为根据地质层考古探测到的花粉物质得出的结论是：几千年前，撒哈拉地区这里还是一片树草繁茂、林荫蔽日的绿洲，山毛榉、橡树和各种针叶树林很适合这些菇类的生长。

欧洲各地的人类文化历史遗存中，也有着一系列的重要发现。西班牙位于昆卡省卡斯蒂利亚·拉曼恰地区乌莫村附近的山洞里，有一幅距今 6000 多年的史前壁画，作者在两头四蹄动物（牛和鹿）的右下方，并排画了 13 朵蘑菇。研究者认为，从外形上看，这些蘑菇很像该地区长在牛粪堆上的菌类——西班牙裸盖菇——因而这可能是欧洲宗教仪式利用致幻蘑菇的最早证据。另外，在靠近地中海古代色雷斯地区的圣所遗址，发现了众多的蘑菇形巨石和崖壁雕刻，清楚地表明了在三千多年前的早铁器时代，当地存在着的蘑菇崇拜。而在法国贝戈山奇迹峡谷的最高处，有一块被称为"祭坛"的巨型石，上面有一个似乎在向上天祈祷的"祭司"人物雕像，其身前还赫然刻着一朵美丽的蘑菇。从柄上有菌环、盖上有疣点的特征看，应该就是最为著名的毒蝇鹅膏伞或豹斑鹅膏伞。这组石雕的成型年代应在公元前 1800 年。千百年来，欧洲影响最大的宗教活动当属古希腊雅典的厄琉西斯秘仪，当时这里每年春秋两季要举行规模盛大的祭祀农业女神德墨忒尔的活动，来自四面八方的信众们聚集在一起长途游行后，要在神殿举行秘密仪式，由于严格的保密规定，人们始终无法了解其真实内容。20 世纪中叶，一批专家学者聚集在一起，力图解开这个谜团。他们从多方面考证认为厄琉西斯秘仪实际是一场"魔菇"的盛宴。参加仪式的人员狂欢痛饮的一种神秘饮料，应该是含有致幻成分的麦角菌，或者是周围生长相当普遍的大孢花褶伞。这个推断引起了各界的极大反响。有趣的是在人们搜集的各种证据中，希腊法尔萨拉地区发现的一幅公元前 5 世纪的精美浮雕最引人关注：女神德墨忒尔和她失而复得的女儿珀耳塞福涅深情款款相视而立。母女俩手中举着的圣物既不是象征土地丰收的麦穗，也不是点石成金的神杖，而是两朵美丽的钟形蘑菇，是否这就是厄琉西斯秘仪引导通向神境的灵物？

当我们把追寻历史的目光转向亚洲时，这里同样有着令人振奋的重要收获。人们曾对同样闻名于世的西伯利亚古代岩画做过研究，发现了一个奇特的现象。从最北部的楚科奇半岛佩格特梅利河地区，到中部叶尼塞河谷两岸地区出土的史前岩画中，许多人物像的头部都被特意变形为一朵大蘑菇。有专家认为，这并非只是一种装饰，而更多是一种象征。西伯利亚作为原始萨满教的发源地，当地的部落民众信仰多神教。其部落首领和萨满巫师的化妆穿戴，一般都与其信奉的神灵有关。如鸟头人身或头顶羽冠，意味着鸟是他们的神灵助佑；鹿头人身或头戴双角，象征着这个部落以鹿为图腾；而头戴天线般放射的光轮，说明该民族信奉太阳神。因此菇头人身岩画的出现，证明历史上确实存在过以菇菌作为崇拜物的人群。结合历史民俗调查证实，西伯利亚的许多原始部落民族，如科里亚克人、萨摩耶德人、通古斯人、雅库特人、堪察加人、楚科奇人，在宗教仪式和重要世俗场合，都盛行食用毒蝇鹅膏伞的风俗。他们有的把毒蝇伞浸在伏特加酒里饮用，有的在举行宗教仪式时，由妇女先将毒蝇伞投入嘴中嚼碎，再与水、牛奶或浆果相拌食用，作为传统"蘑菇节日"的特殊享受。在南亚地区，印度喀拉拉邦的巨石文化也吸引了学者们的探究，一些古老墓地树立着许多用大型石块堆砌的蘑菇状石雕，有人猜测这是用来纪念逝者的标记物。最能引发人们联想的是那些覆盖地下墓穴的"盖石"，一个个都做成了菌伞形状，上面还带着许多镂空的圆孔，就像满地长着的毒蝇鹅膏伞。神菇崇拜对亚洲古代某些宗教教义也有很深刻的影响。

最为突出的是古印度婆罗门教的著名经典《梨俱吠陀》，其中有一百多首礼拜"苏摩"的颂诗，将其誉为"消尽疲劳、快慰心灵、忘却仇恨"的百忧解，能够带人进入永生的境界。无独有偶，古伊朗的波斯古经《阿维斯塔》中也有众多关于"豪玛"的记载。一些专家认为"苏摩"和"豪玛"的生物原型很可能就是"神菇"毒蝇伞，并且由此而认为，因为公元前1500年雅利安人经中亚入侵到恒河流域，所以将他们对致幻菇的狂热崇拜带到了这片区域。

在中南美洲地区的古代文明史中蘑菇崇拜也表现得非常突出。人们在危地马拉玛雅文化遗址，发现了一批书写在树皮上的古老抄本，上面记载着古印第安人的社会、宗教生活。抄本中有几幅手握蘑菇状物件的人像插图，这种蘑菇与毒蝇伞十分相似。其中的一幅图画还附加着象征死亡的插图，或许是暗示这种菌类存在的危险。在危地马多处古代寺庙遗址附近，还出土过大批"蘑菇俑"石雕，总计四百余件，这些石雕的菌柄部分，大都被刻成了人和动物的形象。科考者们认为这些蘑菇石雕应该就是古代玛雅人以"神蘑菇"为宗教崇拜的遗物。地处墨西哥的古代阿兹特克人和马萨特克人把当地盛产的毒蝇伞称为"神蘑菇"或"圣肉"，他们崇拜的诸神之一"索玛"就是毒蝇伞的化身。在墨西哥出土的距今两千年的陶器纹饰上，既有对着蘑菇祈祷的人像，也有人们围绕魔幻蘑菇跳舞的场景。16世纪西班牙人征服墨西哥后，发现当地的印第安人有在节日庆典活动时吃致幻蘑菇的习俗。古代阿兹特克人的宗教典礼，也是将迷幻蘑菇和蜂蜜或巧克力混合着使用。

灵芝文化源远流长

灵芝是中国医药学的瑰宝，也是华夏文化史上的一个特殊标记。其在宗教、政治、文学、艺术、建筑以及农艺等领域的作用和影响都远远超越了作为"药草"的生物学范围。

灵芝见诸于文字记载始于先秦。《山海经》记述，炎帝的小女儿未及出嫁不幸早亡，其精魂飘荡至巫山，化为"瑶草"。战国时期楚国的文学家宋玉进一步演绎了这个神话。说楚王在云梦地区游玩时疲惫睡着，梦中见到一个美丽女子，自称是炎帝少女瑶姬，死后"受封巫山之台，精魂为草，实为灵芝"，服食它可以与心爱的人梦中相会。宋玉据此写成《高唐赋》和《神女赋》，留下了一则千古传诵的巫山神女故事。无独有偶，先于宋玉的楚国爱国诗人屈原，也在他的作品《九歌·山鬼》里，有"采三秀兮于山间，石磊磊兮葛蔓蔓"（注：三秀即灵芝）的描写，述说了一个美貌而温婉多情的山鬼，攀上岩石拨开葛蔓，采下山中的灵芝，苦苦等待她心中恋人的到来。一些学者认为，将灵芝作为沟通人神相恋的关键信物，这里似乎也有着"瑶草神话"的影子，山鬼可以说是一个民俗版的巫山神女。

战国至汉初，开始盛行神仙之学，道家方士大行其道。灵芝也被神话为"仙草""不死药"，吃了可以"成仙得道，长生不老"。为了迎合帝王君主们"万岁千秋，永持朝纲"的热求，方士们在竭力鼓吹神仙信仰，推销成仙方术的同时，还大肆编造"海外的名山仙岛有神仙居住，上有不死药"的神话故事。流传至今的《十洲记》一书，就借东方朔对话汉武帝的形式，描绘浩瀚大海中有神仙居住的十洲三岛：东海祖洲"有不死草，生琼田中，或名为养神芝"，能起死回生；北海元洲上多仙家，"有五芝玄涧……服此五芝，亦得长生不死"；方丈洲更是"仙家数十万，耕田种芝草，课计顷亩，如种稻状"。在方士们的鼓动下，齐威王、齐宣王、燕昭王以及后来的秦始皇、汉武帝等都先后派人员出海寻仙求药，其结果自然是海市蜃楼的幻灭。《史记》上载，方士卢生寻仙未着，便以"求芝、奇药、仙者，常弗遇"来搪塞秦始皇。徐福声称自己入海求药，在蓬莱山见到神仙，目睹"芝成宫阙"，秦始皇派他出海求仙药，结果却一去不复返。汉武帝几次求仙不遇，仍痴心不改，加派人力"遣方士求神怪，采芝药以千数"。

在道教追求长生思想的影响下，汉魏六朝期间，对灵芝的研究空前繁荣，产生许多研究灵芝的专门著述，估计有百种以上，其中包括介绍灵芝形态、生态、产地、采集之法的《木芝图》《菌芝图》《神仙芝草图》等；介绍灵芝服饵之法的《灵宝服食五芝品经》《服芝草黄精经》等；介绍道家种芝秘术的《种芝经》《种芝草法》等，以及记载各地产芝经过的《祥瑞记》《嘉瑞记》等。上述著作，除《种芝草法》有赖《道藏》的辑录而得以保存外，其余均已湮没亡佚。道家在服食灵芝、追求长生不老的过程中加深了对灵芝的认识，形成了以养生为主的道家医学。我国的道教代表人物，包括葛洪、陶弘景、孙思邈等都很重视对灵芝的研究。最早的药物专著《神农本草经》把灵芝列为药中"上品"，认为有"益心气""安精魂""补肝益气""坚筋骨""好颜色"的功效，可以"久服轻身，不老延年"。

从汉代开始，灵芝又进一步被尊崇为"瑞草"，成为儒家学说中"天人感应"的祥瑞之物。"王者德至草木，则芝草生；善养老，则芝实茂。"把灵芝的出现发生看作是上天对皇权政治社会稳定、教化昌明，乃至美德彰显的肯定。汉武帝元封二年，甘泉宫中长出一支"九茎"灵芝，大臣们借机称颂这是圣王德政、天赐祥福的吉祥征兆。武帝非常高兴，于是大赦天下，盛典庆祝，亲作"芝房之歌"。他降旨要求地方进献灵芝，由此开灵芝进贡之风。到了宋代，社会迷信灵芝的风气越演越烈。宋贞宗赵桓在位25年，各地进献供奉灵芝有116次，共207914本之多。许多臣员以此作为加官进爵的便道。宋徽宗时大兴园林，各地官员投其所好，除搜掠奇花、异草、怪石进贡外，还驱使民众收集大量灵芝用"纲船"送往京师，史称"灵芝纲"。有人因此作诗讥讽："宋家花石数徽宗，蕲竹薪芝年岁供。圣主若知黎庶苦，上林樵木好相容。"在这些个"献芝"狂热中，还闹出了不少笑话。政和初年，河南官员李谅向宋徽宗进献"蟾芝"，附会"蟾蜍万岁，背生灵芝，出为世之瑞祥"的古代道学之说取悦皇帝。于是朝廷布告天下，并将宝贝"金盆储水，养于殿中"。不料浸渍数日，外表漆面和填充物逐渐脱落溃散，露出连接芝草与蟾体的竹钉，骗局终被揭穿。弄得朝野哗然，李谅也因此遭贬官。历史上还有一个热衷于芝草献瑞的皇帝就是明世宗朱厚熜。他诏令采芝天下，臣属们自然闻风而动，四出猎取。甚至有人挖空心思地将万本灵芝拼集成"万岁芝山"以博取封赏。然而这些并不能掩盖严酷的社会现实。正德年间，江淮地区连遭水灾瘟疫，路有饿殍，百姓大饥。著名的散曲家王磐因而鞭笞写道："休夸瑞草生，莫叹灵芝死。如此凶年谷不登，纵有祯祥安足倚。"

　　灵芝作为圣洁、美好的象征，是我国古代文学艺术作品中重要的诵咏题材。除了前述的楚辞外，汉赋中也有诸多表现：张衡的《西京赋》中就有"浸石菌于重涯,濯灵芝以朱柯"的描写。三国时期的曹操及曹丕、曹植父子更有着浓烈的灵芝情怀。曹操在邺城建灵芝园，有着"金阶玉为堂，芝草生殿旁""食芝英、饮醴泉"的咏叹。曹丕代汉称帝后迁都洛阳，开凿灵芝池、垒造灵芝台，以供皇族行乐享受。才高八斗的曹植更是写下了许多有关灵芝的不朽篇章。既有"灵芝生王地，朱草被洛滨。荣华相晃耀，光彩晔若神"的热烈赞颂，又有洛水神女"攘皓腕于神浒兮，采湍濑之玄芝"的唯美抒发，而"乘飞龙，与仙期，东上蓬莱采灵芝"的诗句，更是以无限扩展的浪漫主义想象，把人带到一个绝美的游仙意境。以灵芝为题材的作品在体现中国文学艺术成就的四座里程碑——唐诗、宋词、元曲和明清小说中更是大量涌现，数量之多，范围之广，可谓空前。作者们借助各种创作手法，刻画灵芝的动人姿影，并将其蕴含的人文内涵发挥得淋漓尽致。例如，唐朝大诗人李白用"身骑白鹿行飘飘，手翳紫芝笑披拂"表现其去世脱俗、向往自由的逸志情怀。北宋黄庭坚则以"我为灵芝仙草，不为朱唇丹脸"来抒发自己秉持高洁品行、不愿趋炎附势的内心感受。元好问的《摸鱼儿·问莲根有丝多少》讴歌了一对为争取爱情自由而牺牲的青年男女，其中用"香奁梦，好在灵芝瑞露，……海枯石烂情缘在，幽恨不埋黄土"来映衬他们爱情的纯洁神圣。明代吴承恩的《西游记》中既有南极仙翁向如来佛祖献灵芝的描写，又有碧波潭万圣公主偷盗王母娘娘九叶灵芝草温养舍利子，使其千年不坏、万载生光的情节。清代李汝珍的《镜花缘》中更是穿插了上官婉儿释解灵芝、百花仙子受赠灵芝等诸多段落的描写。

此外，灵芝也是秦汉以来的石刻、雕塑、绘画等艺术作品中的常见题材。在陕西省淳化县甘泉宫遗址，发掘出秦汉时期的多种灵芝云纹的瓦当。河南芒砀山汉墓群出土的"四神云气图"彩绘壁画，是目前国内所见年代最早、画面最大、级别最高、保存最为完整的墓葬壁画。画面以青龙、白虎、朱雀、玄武为中心，四周辅以灵芝、云气纹的装饰。在四川、河南、陕西等地的两汉古墓中，多有灵芝图案的画像砖出土。新野张楼发掘出的东汉方形画像砖中，有一幅是西王母坐于平台上，旁边一个披发生翼的仙人手持灵芝，跪献于西王母。山西芮城县永乐宫三清殿中的《朝元图》，描绘的是诸神朝拜元始天尊的故事，其中有位玉女手捧灵芝，神情端庄，风度飘逸，手中灵芝形象逼真，清晰醒目，是中国灵芝画难得的珍品。天安门华表白石柱上盘绕一条巨龙，龙身环绕灵芝云，华表上端云板也装饰着灵芝云。灵芝菌盖表面有一轮轮云状环纹，被称为"瑞征"或"庆云"，是吉祥的象征，后来演变成"如意"，多用黄杨木、紫檀木或玉石雕刻而成，是象征富贵吉祥的工艺品，常为皇家或富贵人家赏玩、摆设或收藏。公元 1793 年，英国派遣外交使团访华，乾隆皇帝将一柄白玉如意作为国礼回赠英王乔治三世。在北京故宫博物院和颐和园的陈设中，还有象征多头灵芝的"如意树"，更是不可多得的吉祥物。

随着社会的发展，灵芝不再是王侯公卿上流社会的专有物，而是成为广大社会民众喜闻乐见的吉祥符号。灵芝图式成为人们日常生活的重要部分，并形成稳定的具有鲜明民族特色的文化观念，寄托了人们的美好祈愿。"灵芝"二字被广泛用于人名、地名、建筑名，还有建筑部件中的栏、柱、梁、檐、脊等，常以灵芝作为装饰；家具、衣物、织品、铜镜、器皿、窗花，也大量采用灵芝图案。

时至今日，我国民众以及世界各地受汉文化影响的各民族，仍以灵芝为美好的吉祥物，但就其本质来说，已摈弃儒家祥瑞之说的迷信成分，而将其作为追求美好生活的象征。

漫话古代食菌史

人类从诞生的那天起，就和菇菌结下了不解之缘。原始社会初期，我们的祖先以捕猎和采集为生。自然界各种走兽、飞鸟、鱼类，植物的根、茎、叶、花、果以及蕈菌的子实体便成为他们觅食的主要来源。2010年，考古人员在西班牙坎塔布里亚的埃尔米隆洞穴，发掘了一座距今18700年的旧石器时期墓葬。一具浑身用红赭石颜料涂抹，保存十分完好的"红娘子"女性遗骸惊现于世。科学检查从古尸的肠胃里找到了鹿肉、鲑鱼、植物及烤蘑菇等食物，并进一步在她牙齿间的结石中发现了牛肝菌等两种蘑菇孢子。由此可见菇菌和动物、植物一样是人类初始阶段的重要食粮。19世纪初，英国生物学家查理·达尔文在环球航海考察中，来到南美大陆最南端的巴塔哥尼亚火地岛。发现岛上自然环境苦寒恶劣，那里的土著居民仍然保持着极其原始的生活方式，妇女和儿童在野外大量采集一种瘿果盘菌属的蘑菇。他写道：除了其他少量浆果，这种真菌几乎是当地人唯一的植物类食物来源。达尔文的这段论述从另一个侧面为史前人类曾将蕈菌作为主粮提供了佐证。

大约从新石器时期开始，人类社会进入原始农业阶段。先民们学会了种植谷物、驯养动物，扩大了食物来源的获取。但那时的生产力水平十分低下，野外采集和渔猎活动仍占很大比重。在对7000多年前我国浙江余姚河姆渡人类文化遗址的探查中，既发现了大量人工种植的稻谷，也找到了源于野生的菇菌、酸枣。同时碳13同位素测定也得出了河姆渡人食物结构为稻类作物以及部分采集的结论。意大利诺拉地区出土了青铜器时代的一只盛有蘑菇残余物的碗。这些都说明在农业文明初期，野生菇菌仍然是人们重要的食物补充。

铁制农具的出现和应用推进了农业生产的进步，种植饲养产品成为社会取食的基本来源，从而促进了人类膳食结构的改变。野生食菌从主粮位置退居到副食行列，而人们的食菌动因也从原始的充饥果腹转到了更高的美味嗜好层面。在满足口腹之欲之时，享受味蕾的惊喜和精神的欢愉。

在奴隶、封建制时代，不同社会阶层之间的膳食内容是有着很大差别的。那些美味、珍稀的菌菇往往被统治阶层打上"专享"印记，成为社会等级、地位和财富的象征。古埃及曾颁布这样的法令：蘑菇是美味的食品，只有至高无上的法老才有资格享用，平民百姓可以食用大蒜，但不得染指蘑菇。古代巴比伦人钟爱一种美味的"铁飞兹"沙漠块菌，把它看作是非常尊贵奢侈的食品。在4000多年前的美索不达米亚亚摩利人的宫殿遗址，发现了装在特殊篮子里的残存块菌以及库存清单。这种蘑菇不仅要满足本国王室，还要出口提供给埃及法老和罗马君王享用。蘑菇大餐作为古罗马上流社会饮食文化的标志，是贵族元老们奢靡盛宴不可或缺的名馔。罗马宫廷的内厨专门安排蘑菇菜谱的研究，指定有经验的人采集蘑菇，并设立专职品尝师进行食前的安全测试。在中国远从殷商时代起，菌菇便是统治者的享受品。周王朝开始建立食事制度，"罗致珍馐，位列九鼎"，极尽铺张之能事。"羞有芝栭"，菌类被列为王室尚方玉食中的重要食材。这种食事制度以后基本被历朝历代沿袭。皇族贵戚有饮食嗜好，自然就成了各地采办征敛之物，山西五台山的名产"天花菌"，从两宋至元、明、清，历代都被列为朝廷贡品。每到季节，当地的百姓、僧众便在官令的严逼驱使下入山采菌。"裹粮探求入深谷，岂辞猛虎及毒蛇。"若采不到蘑菇，便只能缴纳赋钱相抵。

与此相对的是，生活在社会底层的穷苦百姓只能在王令禁止和上层食余之外，才有机会触碰到菇菌的滋味。他们在日常缺蔬寡菜、啖食无肉的窘境下，能够捡获到一些即使普通平庸的菇菌，也是一种改善了。菇菌是"穷人餐桌上的肉"几乎成了当时中外许多民族的共通语言。还有一种极端情况是，每当社会遭遇灾荒动乱、战争威胁，利用菌菇充当绝粮救荒的食物，在中外史书和有关记载中也是不乏其例的。

　　菇菌的人工栽培要比谷蔬种植和畜禽养殖晚得多。因为菌类的孢子很小，不像谷物种子那样容易被发现和收集，加上菌类的生存环境和生长方式比较特殊，对它们的情况一直不甚明了。公元 1 世纪，两个东西方的文明古国——中国和希腊，才有了最早的菌类人工栽培。菌类栽培业的诞生，标志着人类对蕈菌的利用，从此由仰赖自然恩赐的消极"攫取"阶段进步到了利用自然条件的主动"生产"阶段。其对人类食源开辟的贡献意义，丝毫不亚于种植业和养殖业。据考证，我国至唐宋年间，就已经掌握了构菌、木耳、茯苓、香菇的栽培方法。明代以后，菌类栽培业更是有了很大发展。不仅香菇、木耳、银耳等品种的生产盛极一时，而且草菇、血耳、平菇等也相继列入人工栽培行列。生产的崛起加上流通的发展，使得菌食资源开始丰富起来，社会分配开始趋向新的平衡。我国明代时期商品经济已经有了很大发展，出现了许多"骈肩辐辏"的名都大邑，当时的扬州商贾云集，百业繁华，社会普通阶层中的蕈菌消费已很普遍。据李斗《扬州画舫录》所记，酒肆中的口蘑菜就多达二十余种。《调鼎集》辑录的菌类菜点达两百余款，汇集南北风味，精彩纷呈。

欧洲也是如此，中世纪以后，饮食风气冲破了长期的宗教禁锢和认知偏见，菌类重新成为餐桌上的宠儿。法王亨利二世的御医毕耶朗也认为食用菌类能安抚"食道之怒"。路易十四时期，法国开始了精英美食的又一次变革，1651年出版的拉瓦雷纳的《法国名厨弗朗索瓦》一书，多次介绍了新鲜罕见的松露和羊肚菌等食材作料。并且随着城市的扩展和中产阶级走上舞台，菌类的消费也逐步走向平民化。在消费需求的刺激下，法国出现了最早的双孢蘑菇人工栽培，并且风靡了整个巴黎。双孢菇的生产技术如同法国大餐的精致美味一样，迅速地传播扩展到了欧洲以及美洲、亚洲等其他地区。最后成为全球范围内栽培地最广、生产量最高、消费量最大的大众化菌类食品。

随着现代社会科学文明的高度发展，大众开始理性地考虑食物结构对自身健康的影响。人们的食菌理念，又从追求美食享受向注重饮食营养的更高层面提升。科学界通过大量的研究分析，认为菇类食品有着很高的营养价值，对于人体健康有着重要影响。著名营养学家斯坦顿在1984年曾全面评价了食用菌的营养价值，他认为食用菌集中了一切食品的良好特性，是"未来最为理想的食品之一"。前几年，国内有关方面也曾组织43家医学院校与科研机构的125位知名专家联手完成了一项有关食品的大型专项调查，评出了"维护心脑健康的十大功效食品",其中真菌类中的"蘑菇"被列在"十大功效食品"的榜首。事实证明,食用菌类对于合理膳食、均衡营养,维持和改善人体健康有着重要作用。因此有科学家预言,在21世纪,菌物类食品将和动物类食品、植物类食品一样,重新成为人类的主要食品。

　　竹荪作为菜肴，具有一种独特的无可比拟的清鲜
风味。

竹荪国宴传美誉

1971 年，美国国家安全事务助理基辛格博士作为尼克松总统的特使秘密来华访问，周恩来总理设宴款待。席间一道"竹荪芙蓉汤"使其品尝之余赞不绝口，并在以后撰写的回忆录中大加褒奖。2001 年上海 APEC 会议，在国家主席江泽民款待包括美国总统布什、俄罗斯总统普京、日本首相小泉纯一郎等 20 个国家和地区领导人的盛大晚宴上，第一道菜是"松茸竹荪汤"。

竹荪是名贵的食用菌珍品，属于腹菌类。俗名竹参、竹笙、面纱菌、网纱菌，主要生长于亚热带温润潮湿的竹林区，在世界许多国家都有分布。竹荪形态俊美，色彩艳丽。墨绿色钟形的菌帽，雪白圆柱状的菌柄，粉红色的球形菌托，在菌柄顶端垂下一围细致洁白的网状裙子，宛如一位头戴碧玉帽，身着白纱裙的亭亭少女，风姿绰约，仪态万方。它被人们誉为"白雪公主""真菌之花""菌中皇后"。

在自然界，人的肉眼很难一次性观察到植物生长的全貌，因为这也许需要耗时数旬、数月甚至数年的时间。而竹荪却能在很短时间内向人们展现其子实体形成的整个过程。每年春夏之交，一场豪雨之后，山林里雾气弥漫，濡湿的草丛中会冒出许多粉红色、紫红色的鸟蛋似的小球，这就是竹荪的幼蕾，俗称"竹荪蛋"。成熟的菌蕾顶端会凸起有如桃形，多在晴天的早晨，凸起部分开裂，先露出菌盖，外表有海绵状小孔的白色中空菌柄慢慢将菌盖顶起，相继延伸。柄长到一定高度时便停止生长，菌盖下方突然抖落一袭洁白细致的纱裙，凭空展开。从菌蕾破壳开伞到子实体完全长成，前后不过两个多小时。原来竹荪在成熟之前，菌柄就像一盘被压缩的弹簧，折叠在菌蕾里，当菌蕾破裂后，菌柄和菌裙就很迅速地弹开伸展。许多外行人不明就里，往往被这出乎意料的神奇表演弄得瞠目结舌，摸不着头脑。所以有人把未开伞的竹荪称为——魔蛋。

竹荪作为菜肴，具有一种独特的无可比拟的清鲜风味。其质地脆嫩疏松，能够饱吸汤汁，使味道愈见鲜美而爽口。因此在我国，竹荪历来是皇家御膳和国宴的珍品食材。清代宫廷中有一道"燕窝八仙汤"的菜品，以竹荪同燕窝、鱼翅、鱼肚、葛仙米、口蘑和芦笋等八种山珍海味作为食材，精细制作。以三套汤调制，清澈见底，八种原料分切条形、片状，各有其形。或漂漾汤面，或深没其底，或悬浮于中，或上下浮动，如同一幅"八仙过海各显其能"的彩绘，以"八鲜"

谐音"八仙"命其名，寓意深远。此菜名取之于典故，料来之于珍品，鲜嫩爽脆，咸鲜适口。慈禧六十大寿时，山东孔府七十五代衍圣公夫人彭氏领厨进京进献的寿宴中就有这道菜。

竹荪适宜于烧、炒、焖、扒、酿、烩、涮等多种烹饪方法，而且宜荤宜素，一般总能发挥其鲜香爽脆的特色，因此在我国各大菜系中都不乏取材竹荪的上佳之作。四川重庆有一道驰名的竹荪菜品"推纱望月"，取明代小说家冯梦龙"苏小妹三难新郎"故事中"闭门推出窗前月，投石冲开水底天"一联的意境。厨师巧妙地以竹荪为窗纱，鱼糁当窗格，鸽蛋为月亮，高汤作湖水，莴笋制修竹。宾客们欣赏之余食指大动，便真能体会"举筋拨纱，尽赏满窗皎月；投箸向盘，点破一水云天"之妙。20世纪70年代初，重庆厨师曾以此菜献技于香港，一时倾倒众多饱食天下的老饕。1982年，"推纱望月"又在大洋彼岸的美国华盛顿餐馆展示，引起轰动。

竹荪的脍炙人口，不仅在于它的裙纱部分，而且还有胚胎期的竹荪蛋。广东迎宾馆的大厨们精心创制的两道新菜——"肉汁炖竹荪蛋"和"鲍汁扒竹荪蛋"可以让你充分体味竹荪蛋层层递进的口感。切成莲花状的竹荪蛋，最外层是胚胎的包被，胶状透明，咬下去先滑后爽，是那种齿间"嗦嗦"声响的爽脆；中间的菌盖外白内黑，很滑嫩，有着竹香和牛肝菌的感觉；最里面是海绵状的梦荪，进口嫩、脆、滑。渗入肉酱、鲍汁更是平添鲜香美味。

在食用菌中，竹荪可以称得上是色、香、味、形俱佳的菜品，而且富含 19 种氨基酸、多种维生素和微量元素。坊间还有竹荪"刮油"一说，就是可以减少腹壁的脂肪堆积，对患有高血压、高血脂及身体过胖的人群而言，多食竹荪大有裨益。竹荪还有一种神奇的抑菌防腐能力，如在菜肴里添加几个，不但味道鲜美，而且可以久放不坏。

"旧时王谢堂前燕，飞入寻常百姓家。"为了把竹荪这一世界级美食能为广大民众口腹享用，我国科技人员经过长期努力，将野生的竹荪加以驯化，并摸索出了一套人工栽培技术，形成较大的规模化生产。产品除了供应国内市场需求外，还远销世界各地。昔日的豪门珍馐，开始广泛进入各种层次的交际筵席和千家万户的餐桌。

和白蚁共生的鸡
枞菌。最好认：它有
一条尾巴——假根。

人间至味鸡枞菌

云南的鸡枞久负盛名，品尝过的人，都会因它的香鲜、脆嫩、甜美而倾倒。古书云："鸡枞菌，秋七月生浅草中，初奋地则如笠，渐如盖，移晷纷披如鸡羽，故名鸡，以其从土出，故名枞。"自然条件下鸡枞菌与白蚁营共生生活，与之共生的白蚁是大白蚁亚科的某些种，比较常见的有黑翅土白蚁、云南土白蚁、黄翅大白蚁等。

"五月端午，鸡枞出土。"鸡枞在农历五月下旬到七月初，出产最多。当地人把菌盖呈白色的叫"白皮鸡枞"，黄色的称"黄皮鸡枞"，带黑色的叫"青鸡枞"，灰色的称"黄草鸡"，菌褶开裂，露出白色菌肉的叫"花皮鸡枞"。丛生者谓之"窝鸡枞"，散生的称之"散鸡枞"。"独脚鸡枞"是一窝只出一朵鸡枞，它的根可以有胳膊那么粗，柄有一尺来高，伞盖撑开似一张斗笠或者一把小伞。"火把鸡枞"则是一出一大片，就像数十朵乃至数百朵相连的小火把，烧满山洼和山坡。一场电闪雷鸣的豪雨过后，破土而出的鸡枞，便在山林中雨后春笋般现身。正是"茎从新雨苗，香自晚春腴。嫩鲜头番秀，肥抽九节蒲"。当地采鸡㙡的居民也会如约而至，把那些最肥美的菌子收获回家。

自古以来，鸡㙡就有"众菌之冠"的誉称。宋代诗人杨慎写过一首《沐五华送鸡㙡诗》："海上天风吹玉芝，樵童睡熟不曾知。仙翁近住华阳洞，分得琼英一两枝。"据说明熹宗特别喜好鸡㙡，常用飞骑驰送京师，但只分给把持朝政的乳母客氏和宦官魏宗贤品尝，连皇后也无法分享这种名菌的美味。所以有诗讽道："翠笼飞擎驿骑遥，中貂分赐笑前朝。金盘玉筋成何事，只与山厨伴寂寥。"

清代乾隆时的大学问家赵翼随军入滇，吃了鸡㙡后大为赞叹，他在《路南食鸡㙡》一文中惊讶地说："老饕惊叹得未有，异哉此鸡为何族？无骨乃有皮，无血乃有肉。鲜于锦雉膏，腴于锦雀腹，只有婴儿肤比嫩……"

现代散文家汪曾祺曾在昆明住过七年，最是难忘吃菌时节，"雨季一到，诸菌皆出，空气里一片菌子气味"，最常见的莫非牛肝菌和青头菌，最名贵的则是鸡㙡。他在《菌小谱》追忆："鸡㙡菌菌盖小而菌把粗长，吃的主要便是形似鸡大腿的菌把。鸡㙡是菌中之王。味道如何？真难比方。可以说这是植物鸡。味正似当年的肥母鸡，但鸡肉粗而菌肉细腻，且鸡肉无此特殊的菌子香气。"

　　鸡枞的吃法很多，可以单料为菜，也能与蔬菜、鱼肉及各种山珍海味搭配；可作一般的家常小菜，也可作珍馐供宴会使用。无论炒、炸、腌、煎、拌、烩、烤、焖，还是清蒸或做汤，其滋味都很鲜美。云南地方还有一道风味——鸡枞油，是用鲜鸡枞和植物油、香辛料等合炼而成，不仅耐储存，而且是佐餐下饭的珍品。

　　在所有菌菜中，能以单一食材打造全席宴会的唯有鸡枞。如果你到昆明旅游，有机会品尝到号称云南第一宴的"全鸡枞席"那才是快意平生呢。厨房的大师们施展拌、烧、焖、炸、煮、炖、蒸、炒等各种技法，融咸、甜、酸、麻、辣不同滋味，全程为你奉上二十四道菜式。前菜六小蝶：有油浸鸡枞、套炸鸡枞、盐水鸡枞、芥末鸡枞、麻香鸡枞、鸡枞排等，皆是爽口开味，佐酒热席的佳品。然后是主菜：既有镬气十足的铁板鸡枞，也有飘香悠远的汽锅鸡枞；高丽鸡枞一菜三味，海参鸡枞水陆相陈；火夹鸡枞用宣威雪腿与之相配，绣球鸡枞以青壳虾蓉掺和裹体；炮仗鸡枞爽口，红烧鸡枞入味；还有令老饕们最为垂涎快颐的鸡枞狮子头等，加上鸡枞烙饼、油煎鸡枞盒、金鱼鸡枞饺等精美点心。真是把鸡枞的特色发挥得淋漓尽致，许多尝过此宴的美食家们都拍案叫绝，赞赏不已。

草原的牧民常把晒干压扁的口蘑缝在荷包上，每当雨前，空气中的湿度加大，干蘑就会悠悠地散发出香气，人们会根据香味的浓淡判断雨量，决定出牧的时间和地点。

塞外口蘑香又鲜

中国的草原蘑菇种类繁多，分布也广。然而有口皆碑，最负盛名的当数"口蘑"。"口"，是指张家口，不过口蘑的产地并不在这里，只是因为过去张家口是通往内地的交通枢纽，蘑菇的收购、加工、销售都在这里集散，"口蘑"便由此得名。口蘑真正的产地是现今的河北坝上和内蒙古的锡林郭勒、乌兰察布及呼伦贝尔等地区的大草原。其中锡林郭勒盟南部的灰腾梁大草原的蘑菇产量尤其多，而且质量也好。

"口蘑"古时称"银盘菌""沙菌"，其实是一个涵盖面较广的草原野生蘑菇的总称，包括了十几种不同科属的品种。其中被认为质量最优、经济价值较高的品种当属"白蘑"。其颜色洁白，菌盖肥厚，肉质细腻，气味芬芳，是"口蘑"中的上等佳品。还有"香杏"，其新鲜时清香远播，沁人心脾，干制后香味则更加浓烈。另一种叫"雷蘑"又名"大青蘑"，菌盖有碗口大小，风味独特。其他还有"野蘑菇""马莲杆""水银盘""鸡腿子""珍珠蕈"等品种，不过都要稍逊一筹。"九月雷隐菌收钉"，夏秋之际，便是收获季节，牧民们纷纷来到草场迎取大自然的慷慨馈赠。所谓"砂头蘑菇一寸厚，雨过牛童提满筐"，便是当时场景的生动写照。

口蘑在历史上很早就被列为庖厨之珍，唐、宋诸多涉及食经菜事的典籍，皆论及这种产自关外的食菌。元代口蘑更是名动两京。诗人杨允孚曾担任过掌管皇帝膳食的尚食供奉，多次随驾往返于上都、大都两地，对北方的山川物产、内廷席宴及各种精美食材常以诗咏记之。在他的《滦京杂咏》中曾有过如下的评价："海红（海棠）不似花红好，杏子不如巴榄良。更说高丽生菜美，总输山后麻菰（蘑菇）香。"意思是这些有名的果蔬风味都及不上尖山脚下的草原蘑菇。明代以后，随着商业繁华，酬酢宴乐之风日趋奢靡，口蘑已成为高档筵席不可或缺之物。据《调鼎集》（约1736—1795成书）等厨艺秘传抄本记载，口蘑菜就有"鲜溜口蘑""虾酿口蘑""鸭腰口蘑""白肺口蘑""素烩口蘑""口蘑鲍鱼"等，款式极为丰富。到了清代，口蘑已为广大市民阶层所熟悉，顾禄的《桐桥倚棹录》里，就列出了许多饭馆酒肆中的大众口蘑菜。

"口蘑"最以香气见佳。收获之际，草原上的牧民常凭着嗅觉去找蘑菇，据说顺风十里以外就能闻到那种清香。口蘑收获干制后香味会变得更加浓郁。民间有"口蘑香，香得七层麻纸也包不住"之说，足以想见这种香气的穿透力。相传有位商人贩运口蘑，从天津买舟南下，行抵长江，突然舟船受阻，发现水底下鱼群万头攒动，顶得船身来回晃动。惊惶间船家悟到这是所载口蘑香气所招引，便请商家将口蘑撒入江中，鱼群追逐四散，于是安全解围。故事虽无从稽考，但口蘑香气浓烈则是毋庸置疑的。更为有趣的是，干制的口蘑吸收潮气后，释放的香气愈加强烈。草原的牧民常把晒干压扁的蘑菇缝在荷包上，每当下雨之前，空气中的湿度加大，干蘑就会悠悠地散发出香气，人们会根据香味的浓淡判断雨量，决定出牧的时间和地点。这个土方法用今天的话说，可是再"潮"不过的天气预报站了。口蘑入炊，更是香气四溢，令人垂涎。山西五台山地区，至今流传着这样一句顺口溜叫"一家喝了口蘑汤，十家闻着口蘑香"。

"口蘑"还以鲜味得宠。用口蘑做菜，无论荤素，皆口感丰腴，鲜美无比。我国各大菜系用口蘑做主料或辅料的菜品约有数百种之多。并且人们发现，不管烹制何种菜肴，只要稍加一点口蘑，就可以起到提鲜的效果，口蘑汤汁就更不用说了。所以在味精没有发明之前，人们做菜很多都用口蘑吊汤来做天然调味品。北京东来顺羊肉馆的"口蘑汤涮羊肉"，上海锦江饭店的"口蘑汁豆腐"，成都文殊院的"豆芽口蘑汤"，武汉小桃园的"口蘑虾仁汤"，张家口福全馆、万福春的"珍珠口蘑汤"，北京地安门马凯餐厅的"口蘑汤泡肚尖"等均是当地的名特菜肴。随着人们生活水平的提高和中华烹饪文化的发展，以口蘑为主料和辅料的菜肴，已达数百种。

口蘑是我国特有的珍稀食用菌品种，不仅名垂史籍，而且享誉中外。不过近几十年来，由于天气变化导致土壤干旱、沙化严重，加之草场严重超载放牧以及过度的掠夺性采摘行为，野生资源受到严重破坏，口蘑的出产量连年锐减，一些重要产区甚至面临绝产危险。因此保护生态环境、对产地资源进行科学保育已到了刻不容缓的地步，为了我们的子孙后代能继续享有这份天然美味，我们也要立即行动了。

和风弥漫松茸香

日本人喜好食菇，是世界上人均食用菌消费量最高的国家。在日本，野生和栽培的菌类不下百余种，然而最受人们推崇的则当数松茸。日本民谚有"海中的鲱鱼籽，陆地上的松茸"，把这两样食材列为最美味的海产和山珍。每到松茸上市的季节，所有的超市或大型百货店的食品销售架上，松茸都会被摆放在最突出的位置。尽管标价昂贵，但是日本人仍然对它情有独钟。

松茸是世界上最为著名的珍稀食用菌之一，又称松蕈、松口蘑。子实体呈伞形，菌柄白色粗壮，菌体表面有栗褐色纤维状茸毛鳞片。松茸是一种菌根真菌，喜欢与赤松、黑松与马尾松林等植物相伴。因此它的生长习性也有着"松树的风格"。肥沃的土壤、高营养的环境偏偏对不上松茸的胃口，而那些艰涩贫瘠的酸性土壤区，尤其是岩石分化后的"残积土"倒是它们乐于安营扎寨的地盘。松茸的孢子萌发为菌丝后，逐步与松树的根系结合形成菌根。在这种艰苦的外部环境下，菌丝生长的速度极其缓慢。有人做过调查：日本的赤松林一般要 20 年树龄才产松茸，30—40 年进入盛产期。50 年后产量开始下降，70 年后就基本不出菇了。而我国东北地区的赤松则要 40 年才生产松茸，不过结束时间也要晚得多，一株 120 年的赤松还能生产松茸。

松茸在日本的历史文化中有着非常特殊的地位。古代的日本民众把松茸看作是生殖、吉祥和幸福的象征。日本冈山市弥生时代（公元前 300 年—公元 300 年）的百间川兼基遗迹出土的文物中，发现了制成松茸模样的泥人俑。成书于奈良时代（710—794）的和歌总集《万叶集》中，就有"这不是梦 / 松茸成长 / 在山腹"的动人咏唱。到了平安时代（794—1185），松茸更是成为统治阶级和上层社会专享的奢侈标志。皇室宫廷将其列为贡品，达官贵人将其作为馈赠厚礼，各种豪华酒宴也是没有松茸不能入典，收获松茸的日子被奉为秋天的节日。诸多的文学作品和文字记载如《古今和歌集》《拾遗和歌集》《枕草子》《紫式部日记》《土佐日记》中留下了大量描写皇室、武士、大臣、僧人及庶民采集松茸、欢庆秋日的篇章。以后随着时间的推移，松茸的影响更扩展到社会各阶层。及至桃山（1568—1603）、江户时代（1603—1868），松茸已经成为日本家喻户晓、受欢迎的上等美味佳肴。当时出版的《本朝食鉴》一书不仅详细记载和介绍了松茸烹饪方法，而且称"松茸居本邦菌蕈之首"。可以说，千百年来，松茸一直是日本料理中地位最为显赫的菜品，从无动摇，这种历史文化烙印是如此的深刻。在日本民众心目中，松茸又是生命活力的象征。"提早吃松茸，可以多活一岁。""松茸就像我们的生命一样宝贵。"这些都是日本的民俗谚语。据说人在临死前吃片松茸，就会带着微笑与喜悦，愉快地离开人间升入天堂。近现代研究还发现，松茸具有抗癌、强身、益肠胃、止痛、理气化痰、治疗糖尿病等药效功能。因此，日本民众对松茸更是推崇备至，消费市场也日益火爆。

　　松茸令人难以抗拒的首先是那种独有的香味，因为菌体里含有的一种被称为"松菇醇"的多元醇及其一系列的衍生挥发物，所以最上等的松茸是用来烤着吃的。秋日来临，携三五好友散坐于野外的林边草地，将刚采下的松茸用松枝火炙烤，热力逼出的那种肉桂似的酽香，浓烈袭人。松茸雄冠诸蕈的另一个特点是它的本色甜味，成熟的松茸含有大量蕈糖，几乎是双孢蘑菇的十一倍。把松茸切成一片片，放入土瓶内蒸出原汁原味。初尝，是一丝清甜轻触味蕾；细品，变化为一股鲜甜润爽齿颊；入喉，更觉一份香甜沁入脏腑。日本的松茸消费特别讲究"味道、鲜度、色泽、形状"。不过各个地区的消费习惯也稍有不同。以东京为主的关东地区，民众喜好不开伞的松茸，越粗越直越好。而以京都、大阪为主的关西地区，民众则喜好半开伞和开伞的松茸，认为越是开伞，松茸的香味就越浓郁，味道越好。

日本的松茸蕈食十分发达。当造之际，高端品味首推星级餐饮精心烹制的松茸"怀石料理"；中档消费可去地道的松茸风味店，东京著名的"赤坂松叶屋"有专制的菜谱，松茸冷片、松茸寿司、松茸姿煮、松茸碳烤、松茸酒、松茸牛肉等，令人垂涎。为了迎合普通大众尝鲜，很多快餐店都会择机推出各种特色的"松茸"便当。在松茸收获的季节，旅行社也会适时举办采摘松茸的旅游项目，组织人们到山上去采新鲜松茸。尽管价格不菲，但由于能够亲自体验采摘野生松茸的乐趣，因此往往参与者趋之若鹜。产地的餐馆也会精心准备推出专门的"松茸套餐"，让人们在一顿饭中同时吃到烤松茸、松茸饭、松茸汤等松茸食物。

由于自然界松茸的数量稀少，并且至今还无法人工栽培，日本本土的松茸产量已无法满足市场，因此每年要从海外大量进口新鲜松茸，主要进口国为中国、韩国、朝鲜、加拿大和俄罗斯。我国东北和云南产的松茸，香味浓郁，出口到日本很受欢迎。

欧洲奢华极品菜

　　松露与肥鹅肝、鱼子酱一起被尊为欧洲的三大美食。这种生长在橡、栎树林地底下的块菌，全世界有30多个品种，色泽气味各异。而论及罕有和美味程度，则要数被称作"黑金"的法国黑松露和被誉为"白钻"的意大利白松露最为尊贵了。松露看上去貌不惊人，子囊果呈不规则的球状，小的如核桃，大的如拳头。黑松露褐棕色，表皮有荔枝皮样的疣状物突起；白松露黄白色，有点像刚挖出来的土豆。可是一旦切开，粉妆玉琢的肉质肌理，镶嵌着曲曲绕绕迷宫样的细纹，一种仿佛来自天国的馥郁芬芳立即会使人醉迷倾倒。松露的香气非常特别，一旦释放便满屋洋溢，而且极具穿透力，边上的物品很容易就会染上它的味道。法国人说得更富诗意：它的香味会进入你记忆的最深处，长久地停留，直到某日你重回故地，味觉的记忆再次被唤醒。

　　欧洲人喜好松露，认为它是催发人类情爱的灵媒密钥。现代科学已经分析出松露含有类似性激素的α-雄烷醇等活性物质。人们用蒜头、干酪、麝香、精液甚至是经年未洗的床单等各种词汇来形容它，似乎都不能准确地道出松露那种难以名状的味道。有人则认为松露的魅力所在其实是那种描摹不出、无法形容的效果，"你可以感受它的实在，却抓不住它的精魂"。法国有一本小说叫《找松露的人》，讲述一个孤独的中年教授爱上了美丽的女生，短暂结合后女孩不幸流产离世。思念亡妻的教授发现只要吃下一盘松露煎蛋，就能在梦中与爱人约会再度缠绵。于是他不顾一切地寻找松露……

　　每当松露收获的季节，人们都会翘首以盼。松露不宜加热烹制，因为那股诱人的香气会消失。大厨们通常是用特制的刨刀将松露刨成薄片，再将这些薄片直接配在意大利面、海鲜、煎蛋、肉类等美食之上。菜品的温度有助于松露自身香气的挥发。入口的松露会有稍带一丝甜味的滑脆感觉。法式、意式大餐中的"松露配鹅肝酱""松露汁牛排""松露芝士火锅"等都是风头大劲的菜品。与其相匹配的酒不能过于浓烈，黑松露最好选择法国庞马洛红酒佐餐，白松露最适宜德国陈年雷司令伴饮。细品慢酌之间，那种无比曼妙的感觉，足以让人忘却凡尘的纠结沉迷，沉浸在天堂鲜花般的享受之中。在莫斯科克里姆林宫附近特沃斯卡亚大街上最奢华的酒店里，还有一种严格按照俄国皇室食谱制作的"沙皇早餐"。内容只是一杯水晶香槟、一份白鲸鱼子酱和一份黑松露煎蛋，不过这套早餐的价格却十分惊人——折合人民币5300元。

松露消费可以溯源到4000多年前，在美索不达米亚的苏美尔人的楔形文字泥版上，记载了一个儿童将一颗松露献给国王的事件。古代埃及法老、巴比伦国王对服食松露非常着迷。古希腊和古罗马的王公贵族认为松露具有壮阳的神奇效果。中世纪的欧洲，松露曾一度被教会视为邪魔妖物，备受唾弃。直到14世纪，罗马教皇带头重启食用松露的风潮，法国、西班牙的王室贵族随之争相效仿，松露又再度成为欧洲上流社会豪华盛宴中不可或缺的顶级食材，享受松露成为高贵显赫的社会身份象征。著名的作曲家兼美食家罗西尼称赞松露为蘑菇中的莫扎特。20世纪五六十年代，松露被聪明的意大利商人作为礼品，赠送给丘吉尔、玛丽莲·梦露、希区柯克、帕瓦罗蒂和戈尔巴乔夫等国际名人，明星效应让松露的身价倍增，使之一下跃升为顶级的国际食材。不到十年时间，松露的身价就狂飙了25倍还多。曾经有一块珍贵的白松露，被送到伦敦一餐厅展出，餐厅总厨小心翼翼地侍候这贵过黄金的食材，不料几天后却发现白松露已经发霉不能食用。斟酌再三，那位总厨最终决定将它运回意大利故土埋葬，由此可见松露在欧洲人心目中的地位。

要吃松露，就要去松露狩猎。所谓的松露狩猎，并不是真枪实弹去森林打猎，而是牵着猎狗或者让嗅觉极其敏锐的母猪去寻找生长在地下的松露，而采松露的人就叫做松露猎人。每一位松露猎人身上都有一张祖传的松露地图，就好像"藏宝图"。因为在采到过松露的林木下，每年都会长出新的松露来。松露猎人以前是利用猪来协助寻找，母猪天生对松露的味道敏感，可以闻到深埋地下 1 米的松露。但是因为母猪喜食松露，往往挖到后会直接吃掉。所以现在会用训练过的狗来替代，意大利甚至还有专门训练松露狗的大学呢。在法国的普罗旺斯产区，至今还保留着古老的松露交易方式，买卖双方叫价成交都只用术语、眼神和手势来沟通，给人一种神秘的感觉。不过在商业化高度发达的今天，那些大颗高品质的松露已经被热炒为世界顶级食材，国际上每年都要举行一两场"极品"松露拍卖会，制造出许多轰动效应。

2006 年在意大利举办的第八届世界白松露菌拍卖会上，一颗重 1.59 千克的白松露菌，引起了来自世界各地买家的激烈争夺。最终香港商界巨子胡应湘以 125 万港元的标价，一举击败众多竞价对手获得。后来这颗"天价"白松露被放在香港丽嘉酒店展出，胡应湘夫妇在酒店设下豪华夜宴，邀请 40 多位名人老友前来品尝这颗"一口一黄金"的极品松露王。大厨们精心烩制了松露龙虾沙拉、松露火腿嫩蛋、松露芝士烩饭、松露和牛薯蓉及松露榛子雪糕等 5 道菜式，使这些熟谙燕鲍参翅的食神老饕们一尝为欢，连呼好味得不得了。而这顿晚宴募得的约 200 万港元的善款，被捐献出用作慈善事业。

蕈菌的鲜香探秘

俗话说"民以食为天，食以味为先"，食用菌类之所以脍炙人口，很大程度是因为它们具有浓郁醇厚的鲜香风味，我国历代的文人学者对此多有描述。北宋文学家欧阳修曾在余杭受邀参加一次花费不菲的饭局，感叹"南方精饮食，菌笋鄙羔羊"。美蕈鲜笋的风头竟然盖过了幼嫩的羔羊肉。南宋杨万里以"色如鹅掌味如蜜""香留齿牙麝莫及"来形容食菌的感受。清代戏剧家李渔在他的《闲情偶寄》的美食评论中更是论断："求至鲜至美之物，于笋之外，其唯蕈乎！"

在现代科学技术的帮助下，人们已经逐步解开了菌类味道鲜美的秘密，这就是它们含有大量的鲜味成分和香味物质。

蕈菌的鲜味主要源自两个方面：一是菌体内的游离态鲜味氨基酸。食用菌营养丰富，一般都含有16—17种氨基酸。这些氨基酸大部分以结合态的形式存在于蛋白质和肽内，还有约30%则以游离态的形式存在于菌体组织液中。[①] 各种游离氨基酸会呈现出不同的风味效果，主要有鲜味、甜味、苦味和无味四类：例如谷氨酸和天门冬氨酸会呈现很强烈的鲜味；丙氨酸、甘氨酸、丝氨酸和苏氨酸则有着醇厚的甜味；精氨酸、组氨酸、亮氨酸、蛋氨酸等属于苦味氨基酸，而赖氨酸和络氨酸则被归于无味氨基酸之列。人们在对一些主要食用菌品种的氨基酸成分进行分析时发现，两种具有鲜味的谷氨酸和天门冬氨酸的含量比例总要远远高于其他氨基酸，尤其是谷氨酸的含量一般可以占到总氨基酸的 15%—25%。[②] 它和食盐结合生成谷氨酸钠，可以说就是天然的味精成分。另外，食用菌的一些特殊风味还与某些稀有的氨基酸有关。例如著名的松茸、口蘑及红鹅膏菌里分别含有口蘑氨酸和鹅膏氨酸。口蘑氨酸的鲜度可以达到谷氨酸钠的 20 倍，人们只要在 5 公斤的水里加入 1 滴口蘑氨酸，就能感觉到它的鲜味。[③] 食用菌里还有一类鲜味物质是呈味核苷酸，主要是肌苷酸和鸟苷酸。例如每 100 克香菇浸出液中含有 90—103 毫克的鸟苷酸，松口蘑为 64.6 毫克，红汁乳菇为 58.1 毫克。[④] 肌苷酸和鸟苷酸的最大特点是能与其他鲜

① 谷镇，杨焱.食用菌呈香呈味物质研究进展.食品工业科技,2013(5)
② 况丹.七种食用菌营养成分分析比较.食用菌，2011(4)
③ 罗信昌，陈士瑜.中国菇业大典.清华大学出版社,2010.9
④ 蒋冬花，郑重.食用菌的代谢产物.生物学杂志，2008.8

味氨基酸物质形成相乘效果，使鲜味猛增。用1份鸟苷酸和8份谷氨酸钠混合，便成为特鲜味精，其鲜味较普通味精提高十倍。

许多食用菌都有着令人愉悦的天然特殊风味。例如鸡油菌会释放强烈的杏香味；宽鳞多孔菌则有着花和水果的芬芳；真姬菇会散发海洋的鲜腥味；在日本有"香茸"之称的黑虎掌菌，不仅鲜食时香气撩人，干制后更是味道浓郁奔放。目前已从菌类子实体中分离出150种挥发性香味物质。食用菌的香味往往不是单一化合物所能够体现出的，而是由众多成分相互组合、相互作用、相互平衡的结果。例如人们从松口蘑的子实体里共分析出59种挥发性香味成分，包括了松口蘑醇、异松口蘑醇及甲基肉桂酸盐等物质，其中松口蘑醇的含量占了香味物质的60%—80%。另外，即使是同样组合成分，因为数量比例不同、组合次序不同，展现的风味效果也会有很大差异。

中国烹饪讲究"五味调和"。我们的祖先很早就知道做菜时利用蕈菌来调味助鲜。两千多年前的《吕氏春秋·本味篇》就明确提出"和之美者，骆越之菌"，将蕈菌列入成就"和合之美"的调料行列。古代没有味精，厨师们便发明用蕈菌、鲜笋、豆芽等富含鲜味物质的食材制成高浓度的鲜汁或鲜汤，美其名曰"鲜中三霸"，用以烹制那些本身鲜味不足的某些高档原料，如鱼翅、海参、熊掌等，形成营养价值高、滋味鲜美的高档菜肴。清代顾仲所撰的《养小录》中记载有用干蘑菇、干笋磨制成粉，洒在菜肴中以增鲜的做法，这些都是我国传统的烹饪调鲜方法的实际应用。

清代美食家袁枚深谙"凡一物烹成，必需辅佐"之道，他非常推崇蕈菌入馔，既可单独成菜又能搭配组合的功用。认为蘑菇是"可荤可素者""置各菜中，均能助鲜"。在他《随园食单》罗列的327种菜肴中，利用菌类增香助鲜添味的方法屡见其中。或作燕窝衬底，或伴海参入羹，与八宝豆腐共炖，和鸡鸭豚肉同煨。调味形式也因对象而异，或熬汁，或煮卤，或制油，手段甚多。例如燕窝烹制时：泡发应用"嫩鸡汤、好火腿汤、新蘑菇三样汤滚之，看燕窝变成玉色为度"；搭配应以"蘑菇丝、笋尖丝、鲫鱼肚、野鸡嫩片"相佐；入馔更强调"以柔配柔，以清入清，重用鸡汁、蘑菇汁而已"。可见其对蕈类食材研究的造诣之深。

17世纪法国精英美食的创导者，名厨弗朗索瓦·皮埃尔也非常强调菌菇类的调味作用。他创制了一款非常经典的"杜塞尔"蘑菇酱汁，将切碎的蘑菇配以洋葱、百里香、荷兰芹、黑胡椒等作料，并加入黄油慢慢熬成糊状。此酱汁香味浓烈，鲜美异常，既可佐配惠灵顿牛肉、煎蛋卷、风味汤等菜品，又可以作为精致食点的馅料。长期以来，一直被欧洲食界乐于采用。

　　时至今日，人们在继承传统的基础上，又不断推陈出新。利用各种科学的生产手段来浓缩提炼食用菌中的精华物质，开发出各种绿色天然、营养丰富、风味特殊的调味品和功能食品。如营养酱油、保健醋、调味粉、调味汁、调味酱等，使菌类为大众生活添味加彩。

合理膳食多吃菇

现代医学日益清晰地揭示，很多现代文明病的发生很大程度是与饮食失衡、营养过剩和其他不良生活方式有关，恣意口腹导致的饮食失衡、营养过剩问题尤为突出。1992年世界卫生组织发表著名的维多利亚宣言：提出健康生活方式的四大基石——合理膳食、适当运动、戒烟限酒、心理平衡。其中合理膳食被摆在了首位。

中华民族自古就非常重视饮食对于健康的重要性。远在三千年前的西周时期就有了世界上最早的医疗体系。据《周礼·天官篇》记载，当时把医生分为四类：食医（营养医生）、疾医（内科医生）、疡医（外科医生）以及兽医。"食医"排位最前，其任务是专职管理王室的营养食味调配，确定四时饮食，预防疾病发生。可见我们的老祖宗很早就知道"营养医学"的重要性。战国时期的名医扁鹊就有"君子有病，期先食以疗之，食疗不愈，然后用药"的论述。汉代名医张仲景也强调："所食之味，有与病相宜，有与身为害。若得宜则益体，害则成疾。"与此不谋而合的是，西方公认的"现代医学之父"希波克拉底在公元前 400 年也曾指出："我们应该以食物为药，饮食就是你首选的医疗方式。"

食用菌菇不但可以享受美味，而且有益于人体健康。公元 3 世纪的古希腊学者阿忒纳乌斯撰写的《智者的欢宴》一书中，邀请各贤哲达人以餐桌对话的形式纵论社会问题。著名的古希腊学者、营养专家和医生狄菲卢斯也曾在列，他让大家分享了一道叫"麦凯"的炖蘑菇菜，并强调蘑菇有利于人体健康。这道菜以后在罗马人时期风行了很长时间。我国清代学者李渔在他的《闲情偶记》说："食此物者，犹吸山川草木之气，未有无益于人者也。"在科学尚未昌明的时代，如此独具慧眼的生态食品观可谓是难能可贵的。

国内外科技界对食用菌营养成分以及对人体的健康作用进行了大量的检测分析，并给予高度评价，认为食用菌集中了食品的一切良好特性，其营养价值达到"植物性食品的顶峰"。

食用菌的蛋白质含量很高，1 千克干菇所含的蛋白质相当于 2 千克瘦肉或 3 千克蛋或 12 千克牛奶中蛋白质的含量。[1] 所以菌菇可以作为我们摄取蛋白质的重要来源，且菌类蛋白属于优质蛋白质，它们组成的氨基酸种类非常齐全，其中包括人体自身无法合成的 9

---

① 陈士瑜 . 菌类荟谈 . 江苏科学技术出版社，1983

种必需氨基酸，所以又叫完全蛋白质。而植物性食品中的谷物蔬菜水果往往缺乏某些必要氨基酸而被称为不完全蛋白质。还有一点非常重要的是，由于菌类蛋白的氨基酸组成和比例与人体实际需求相当接近，所以非常容易消化吸收。在人体内消化酶的作用下，大约 75% 的菌体蛋白能被分解成氨基酸吸收利用，而大豆虽然蛋白质含量也很高，但在人体内的消化率只有43%。

食用菌的脂肪含量很低，仅为牛奶的十几分之一。而且菌菇中所含的脂肪酸大都是不饱和脂肪酸，比例高达 74%—85%。其主要成分是亚油酸、油酸等。食用菌所含脂类主要有卵磷脂、脑磷脂、神经磷脂等可皂化脂类。食用菌中的不饱和脂肪酸和脂类对降低血脂、胆固醇，预防心血管疾病有显著作用。

食用菌中的碳水化合物一般占干重的 60% 左右，不含淀粉。主要是一些小分子糖类，如海藻糖、甘露糖醇、阿拉伯糖醇以及一些聚糖类。这些碳水化合物能值很低，因此菌菇又属于低热量食品，是那些减肥瘦身、保持正常健康体重人员的理想选择。[①]

菌菇含有丰富的 B 族维生素，尤其是 B_{12} 的含量非常高，它能防止恶性贫血，改善神经功能，并有降低

---

① 张金霞 . 中国食用菌菌种学 . 中国农业出版社，2011

血脂的作用。菌菇中所含维生素 B_1，比一般植物性食材要高。多吃对提高食欲、恢复大脑功能、增加乳汁分泌都有一定好处，心脏病、神经炎、神经麻痹患者多食有助于病体康复。[1] 草菇中维生素 C 的含量、香菇中维生素 D 的含量也都很高。蘑菇里还含有一般菇类少见的烟酸及叶酸，前者对生活在热带和亚热带的人来说，有预防癞皮病的作用，后者能促进婴幼儿神经细胞和脑细胞的发育，并有助于防止巨红细胞性贫血。蘑菇中还含少量生物素吡哆醇及维生素 K。前者能提高体内脂内脂肪的代谢，维生素 K 即凝血酶因子，可增加血液的凝结性。

食用菌还含有丰富的矿质元素。包括钙、镁、钾、磷、铁、铜、锌、锰、硒及其他一些微量元素。这些矿质元素对于维持人体正常生理机能、促进生长发育、抵抗疾病侵袭有着重要作用。香菇、草菇、口蘑的含钙量较高；黑木耳、红菇、香杏蘑的含铁量丰富，是一般蔬菜的数十倍；银耳含有较多的磷，有助于恢复和提高大脑功能；金针菇、榛蘑、羊肚菌富含锌；牛肝菌、猴头菇中则含有微量元素硒。双孢菇每百克干品中，含钾 640 毫克而含钠只有 10 毫克，这种高钾低钠的构成对高血压患者是十分有益的。

---

[1]　陈士瑜 . 菌类荟谈

　　食用菌还含有一定量的膳食纤维，大多在 10% 以上，高的甚至可达 24%，这对于改善人体肠胃功能，加快代谢排除毒素有很大好处。

　　科学家们还在食用菌里发现了一种叫麦角硫因的活性物质，它具有抗氧化功能并能保护我们的体内细胞，可以预防衰老及其他慢性疾病。

　　日本科学家曾提出这样一个看法：食品在空间和生物学关系上，"离人类越远越好"。研究发现，"远亲"食物中往往保留了"近亲"食物所不具备的对人体有益的珍贵物质，这些物质大多在物种进化过程中丢失了，正是因为这样的关系，吃东西"远亲"胜于"近亲"。换一个角度来说，食物品种之间的生物进化层级关系距离越远，它们的营养成分构成的差别就越大，因而互补性也越好，调节功能也越强。在目前所发现的人类食物结构中，野生真菌类处于最低端的生物进化层级位置。它们没有根、茎、叶、花、果的分化，没有叶绿素，不能进行光合作用，是依靠异养生活的低等原核生物，其营养成分和含量与动植物食品有很大差别。这些"低等"生物体内还含有许多特殊的活性物质，如真菌多糖、生物碱、萜类、甾醇类及色素类等化合物，对于调节人体机能、增强免疫力、防病祛病有着重要的补益作用，而这些正是植物、动物食品中所不具有的营养优势。

　　提倡"一荤一素一菇"的菜式组合，加大菌物类食品在人类膳食结构中的比例，对于改善饮食质量和提高健康水平是大有裨益的。

健骨强身话香菇

　　香菇又名香蕈、香信、冬菰、椎茸，是世界范围内消费量排行第二的食菌。鲜品肉质肥厚、吃口细嫩，干制后更是香气浓郁，风味诱人。由于香菇特别适合与各种菜式搭配，从中起到增香添味的作用，因而几乎就成了各种酒席盛宴和大众家常菜谱中不可或缺的必备食材。不过这里想要为大家重点介绍的，不是香菇满足人们口腹之美的"滋味"感受，而是其对人类身体健康的"滋养"功能。

　　香菇是天然"维骨力"。骨骼是维持人类身体结构的基石，而钙是构成骨骼的最重要成分。婴幼儿期如果钙摄入不够，就会患上佝偻症和软骨病，孕期、哺乳期妇女如果发生骨钙流失，极易损害母子健康，而成为全球性健康问题的老年性骨质疏松症发生的原因也是缺钙。根据 2004 年的"中国居民营养与健康现状"调查报告，中国人钙缺乏的程度非常严重，单是骨质疏松症的患者人数就超过 9000 万。而人体钙吸收的一个关键是需要维生素 D 的帮助，否则就很难在骨骼上沉积，还会匆匆流失。香菇含有丰富的麦角甾醇——

维生素 D_2 的前体。维生素 D_2 的功能作用是促进钙吸收、调节钙代谢，对骨骼健康至为重要。据测定，一克经烘干的干香菇中的维生素 D_2 含量可达 128 国际单位，是大豆的 21 倍、紫菜的 8 倍、甘薯的 7 倍。[1]85 克鲜蘑菇中的维生素 D_2 含量能百分之百满足人体每日所需摄入量。

香菇是绿色"血脂康"。1964 年，日本科学家金田尚志在香菇的水溶性成分中发现一种可使血胆固醇明显下降的物质，于是引发了一场探讨利用菌菇防治高血压症的热潮。据报道，许多实验得到了有价值的新发现。当给予试验对象每日食用干香菇 9 克或鲜香菇 90 克一周后，青年组血液中的胆固醇含量平均下降 6%—12%，老年组平均下降 9%。实验进一步表明，每日食猪油 60 克的对照组，如果每天同时食鲜香菇 90 克，胆固醇非但不上升，反而下降了 3%，而不食香菇的人则上升 19%。据分析，这里起作用的是一种被称为"香菇腺嘌呤"的核苷衍生物。患有高血压的人，每天只要吃上三到四个干香菇，其降脂的作用，居然是降脂药物"安妥明"的十倍。难怪日本的科学家向社会公众发出呼吁：提倡每人每天吃二两鲜香菇。

香菇是活性"调理素"。香菇是典型的高钾低钠食

---

① 袁仲.药食相助话香菇.中国食物和营养，2014（8）

品,灰分中的钾含量高达64%。能平衡食盐中的钠离子,改善多盐食品对人体的损害。

香菇是生态"肠道宁"。其含有低聚糖类,可以促进人体肠道内的双歧杆菌等有益菌代谢增值,改善肠道环境,减少便秘;并且可以预防肠道感染,抑制腹泻;还能促进钙镁锌等矿质元素的吸收利用。

香菇是高效"护齿灵"。研究表明,吃香菇还能抑制牙齿上的菌斑,防止牙质的脱矿病损和龋齿发生。使用香菇提取液作为漱口水早晚漱口,其效果比清水和齿龈炎洗口药都好,可以明显降低口腔的细菌总数和特定细菌的种类数量,保持口腔的清洁卫生。因此对于牙科医生来说,香菇真是个不露脸的好助手。[①]

随着社会大众对香菇健康保健作用越来越深入的了解,国际上的香菇消费热便不断升温。在香菇的故乡——中国浙江庆元,每年都会举办隆重的"香菇节",来自世界各地的宾客欢聚一堂,开展各种文化纪念活动。无独有偶,在日本东京附近的群马县也建有一座奇特的"香菇公园",内有"国际香菇会馆"。进入的游客在那里喝着"香菇精",吃着"香菇菜",尝着"香菇饭",品着"香菇茶",最后还可以痛快地洗个"香菇浴",置身于一个香菇的世界。

---

① Georges Halpern. Healing Mushrooms. Square One Publishers, 2007

木耳的现代发现

鄂西北秦巴山南麓一带丘峦起伏，林木繁茂，气候温润，是我国著名的木耳产区。细雨飒飒，小暑之前，正是春耳的收获季节。一排排人工栽培用的"耳架"上，无数的"黑俏娃"们悄无声息地从树皮的裂隙中探出头来，竖起一张张大大的"耳朵"，静静地聆享着山林之音。它们附木而生，沐雾而长，不争春色，不媚时欢。远远看去，犹如一朵朵怒放的缁衣牡丹，宛若一丛丛傲霜的墨玉秋菊。近前细察，只见树干上蘖瓣堆叠，耳片舒展。这些褐里泛红、润泽剔透的山野娇客就是胶质类食菌——木耳。

木耳又称木枏、木蛾、树耳、树鸡、云耳等，常生于栎、杨、榕、槐等百余种阔叶树的腐木上，单生或群生。我国至少从唐代开始就有人工栽培，成熟后的木耳经干制加工后，极易存储运输也方便取食，因此消费流传很广。

木耳从我国古代起就被奉为入馔妙品。据《礼记·内则》记载，周王室常用的食蔬品种中有"芝栭菱椇"，"栭"即"木耳"。唐代大文学家韩愈有次接到道士相赠的木耳食材,以诗作答:"软湿青黄状可猜,欲烹还唤木盘回。烦君自入华阳洞,直割乖龙左耳来。"希望友人再为他割取更加美味的大"龙耳"来饱口腹。宋代朱熹饮食随俗,独好树耳,亦有诗曰:"蔬肠久自安,异味非所夸。树耳黑垂聃,登盘今亦乍。"而陆游更是一个食木耳的老饕,其洋洋大观的诗篇中,留下了许多诸如"玉食峨嵋栮""汉嘉栮脯美胜肉"的吟咏。

　　木耳有着很高的营养价值,被营养学家誉为"素中之荤"和"素中之王"。每100克黑木耳中就含铁185毫克,它比绿叶蔬菜中含铁量最高的菠菜高出20倍,比动物性食品中含铁量最高的猪肝还高出约7倍,是各种荤素食品中含铁量最多的。传统中医认为木耳味甘、性平、有益气、健身的功效。随着现代科学研究的进展,木耳对于人体健康的作用也越来越被人们所知晓。

　　现代医学研究表明,如果每人每天食用5—10克黑木耳,就可以降低血液黏度,减少血液凝块,防止血栓形成。相当于每天服用小剂量阿司匹林的功效。黑木耳还具有阻止动脉血管中脂质沉积的作用,能促进体内胆固醇的分解转化,明显延缓动脉血管的粥样硬化,保持血管的通畅,防止心脑血管病的发生。这个发现还有一个"木耳豆腐"的川菜趣闻呢。有一次,美国的明尼苏达大学医学院海默斯密特博士在实验室观察血小板活动情况时，偶然发现有位参加实验的人血液不能正常凝集。经追查，原来这个人当天在唐人街中国菜馆吃过一盘"木耳豆腐"的川菜。于是他把所有的人带去菜馆进行试验，得到一个意外的结论，这种川菜中的黑木耳能阻止血小板凝集，并可减少动脉粥样硬化的发生，他在《新英国药物杂志》上发表论文，声称找到了中国人长寿的秘密，因此在美国公众中引起一股黑木耳热。①

黑木耳丰富的胶质成分，具有很强的吸附功能。对无意中食入难以消化的如头发、谷壳、木渣、沙子、金属屑等外源性有害物质，有溶解和氧化作用。经常吃黑木耳就可以把滞留在体内的杂质异物排出体外，起到清肠涤胃，整理消化道的作用。特别对那些从事矿石开采、冶金、水泥生产、理发、棉毛纺、面粉加工等环境空气污染严重的工人，经常食用黑木耳可以起到良好的排异泄毒的保护作用。

木耳对胆结石、肾结石、膀胱结石等内源性异物也有比较显著的化解功能。黑木耳所含有的生物碱具有促进消化道和泌尿道各种腺体分泌的作用，协同这些分泌物化解结石，滑润管道，使结石排出。同时，黑木耳含有诸多矿物质成分，也能促使各种结石产生

---

① 林志彬.中国黑木耳抗血小板功能的作用.生理科学进展，1983（1）

强烈的化学反应，剥落、分化、浸蚀、缩小后排出。因此，专家建议，对于患有体内结石的病人，不妨每天有意识地吃上一两次黑木耳。这样，不但可以缓解病人的疼痛、恶心及呕吐等症状，甚至还可以使人体内的许多结石尽量自然消失。

　　木耳中含有大量的碳水化合物，其成分中的甘露聚糖、木糖、戊糖等多元糖醇和纤维素都能促进肠胃蠕动，促进肠道脂肪食物的排泄，减少食物中脂肪吸收，从而防止肥胖。同时，它还能改善肠内菌群平衡，防止便秘，有利于体内毒物的及时排出，可以预防肠癌的发生。①

---

①　刘永昶，刘永宏．黑木耳的营养保健作用及深加工．中国食用菌，2005（6）

多食猴头防痴呆

在我国东北大小兴安岭的莽莽林区，人们常常可以在栎、柞、桦、橛等阔叶树的枯枝杆上或树洞之中，发现那里赫然长着一颗周身布满针状肉刺的白色菌菇。因为它们酷似一只活灵活现的白猴脑袋，所以人们将其称作"猴头蘑"。猴头蘑是一种大型名贵的食药用肉质真菌，属于多孔菌。野生的猴头产区分布很广，亚洲、欧洲及北美都有出产。有意思的是，不同的地缘文化，对于这种菌类的俗名称谓也五花八门：如果说"熊头蘑"是对它们萌呆憨态的具象刻画，那么"刺猬菇"的俗名则抓住了它们浑身肉刺的特点；"鹿尾菌"形容它们极像受惊奔跑的鹿撅起的白色尾巴；而"狮鬃菇"则是将它们喻为恣肆张扬的雄狮鬃毛；欧洲某些地区称它为"萨提的胡子"，萨提是希腊神话中半人半羊的森林之神。在日本的称谓是"山伏茸"，"山伏"本意为隐居山野苦修的僧侣，引申就是常年深山蛰伏、难得一睹尊容的菌菇。而在美国现今，这种蘑菇又有了一个颇具人气的名字——邦邦蘑菇，"邦邦"是橄榄球拉拉队手中表演挥舞的"白花球"。

这些俗名称呼，或形似神似，惟妙惟肖，或颇具内涵，意味隽永。究竟哪一个更为贴切，大家也只能见仁见智了。

中国可以说是世界上对猴头菇的认识了解和开发利用最早的国度。自古以来猴头菌就是宫廷美食，庖厨之珍。它曾和熊掌、海参、鱼翅并列中国四大名菜。清代满汉全席中的"草八珍"，猴头也列其首。猴头菌肉嫩味鲜，营养丰富，滋补性强，风味独特，入馔可烹饪出许多名菜佳肴，烧、煨、炖、扒、炒、蒸、烩、汤均可，宜荤宜素，咸甜俱佳。鲜猴头菌上盘后，一丝丝褐色针状肉刺清晰可见，菌肉脆嫩可口，肥浓鲜美，香醇扑鼻，口感极佳。如"猴头炖乌鸡""白扒猴头""扒熊掌猴头""红烧猴头""三鲜猴头""云片猴头""猴头扒鲍鱼""蛋白猴头丝"等，都是美味绝伦的佳肴，高级筵席上的大菜。它适宜与鸡、鸭肉配在一起煨汤、做菜，其味鲜美无比。号称"天下第一家"的山东孔府菜中有一道"御笔猴头"，用长有肉刺的猴菇制成"笔头"，火腿、香菇丝末相间充当"笔管"，而栓笔的"线绳"则巧用了红椒丝。十二管"御笔"整齐摆放食案，可谓是匠心独具，创意非凡。湖北地区也有一道地方名菜"瑶柱酿猴头"，形、味、色、香兼优，在美食天堂香港献技后引起轰动，老饕们无不食指大动。

　　食猴头不易，因为烹制是一项细致而复杂的技术。尤其是使用干品作为食材，必须经过水发等三个步骤。第一步是洗涤：先把猴头菌放入大砂锅内，加水烧开泡软后，小火炖 1—2 小时取出，冷水洗涤，挤干水分，削去老根，清除杂质。第二步是涨发：把原砂锅水换掉，放入洗净的猴头，另加开水淹没，加入适量的碱，旺火烧开后，改用小火慢焖 4 小时，中间要不断添水，直煮至软烂如豆腐时方止。捞出放在凉水盆里，反复冲洗，洗净碱味，色变为淡黄后，轻轻装在扣碗里。第三步是提味：猴头养分虽多，但本身无味，需靠鸡鸭鱼肉汤提味。所以，涨发后的猴头放在扣碗内要加入鸡鸭高汤，上笼蒸一个多小时，取出另行换汤，再上笼蒸一个多小时，如此三到四次，味才能入蘑。然后依照各人的吃法，或红烧，或炖煨，便可烹饪出各种色香味形俱佳的美肴。

　　猴头菌除了营养美味外，还有很高的药用价值。我国传统医学认为，猴头菌性平，味甘，有助消化，利五脏。对于治疗消化系统疾病有独到之功。我国医学科学工作者研究用猴头菌的培养菌丝体制成猴菇菌片用于临床治疗，有增加胃液分泌、稀释胃酸、保护溃疡面、增加黏膜再生的作用，对十二指肠溃疡、浅表性胃炎、溃疡性结肠炎有很好的疗效，而且对治疗胃癌、贲门癌、食道癌等消化系统的恶性肿瘤，有效

率达 69.3%，其中疗效显著的占 15%。^①

近年来，随着医学研究的深入探究，人们进一步发现，猴头菇在治疗神经系统的疾病方面，特别是预防和延缓老年痴呆症（阿尔茨海默病）的发生方面可以发挥重大作用。老年痴呆症是一种进行性发展的神经退行性病变，是老年人的多发病和常见病。这种病的临床表现为渐进性的记忆和认知功能障碍、人格改变及语言障碍等神经精神症状，日常生活能力的进行性减退。不仅会对患者家庭带来沉重的精神和经济负担，也会给社会带来巨大压力。据不完全统计，2006年全世界的患者人数高达 2600 万人。至今该病的病因及发病机制尚未能完全阐明。1991 年，日本静冈大学的川岸教授经研究发现，猴头菇里含有猴头菇酮和猴头菇素等重要生物活性物质，可诱导神经生长因子（NGF）在大脑中合成。^② 神经生长因子（NGF）是维持神经细胞发送信息到大脑正常功能所必需的一种蛋白质，它对正常的神经细胞具有营养保护作用，在神经组织损伤后可促进神经细胞再生，调节神经元功能的恢复，对脑组织的病理性改变也有明显的保护作用。

① 陈国良，陈惠，陈若愚．食用菌治百病．上海科学技术文献出版社，2008

② Georges Halpen: Healing Mushrooms

更让人欣喜的是，猴头菇素能轻易通过血脑屏障进入脑组织。所谓的血脑屏障是指人的大脑和毛细血管中间的一层薄膜，它作为一道防御机制能阻止细菌病毒等有害物质的入侵脑组织。不过有利也有弊，这道防御圈也使大部分药物难以到达大脑的患病区域。由于猴头菇素等都属于小分子物质，因此能毫无阻碍地通过血脑屏障进入脑组织给药，2009年，日本北斗株式会社和矶子中央脑神经外科医院联合进行了一次临床对照试验，安排一批50—80岁患有轻度认知障碍的男女性患者连续服用16周的猴头菇粉，结果发现这些受试者的认知功能有了显著改善，而且随着服用时间的延长效果越好。[①]另外，科学家们在对患阿尔茨海默症而失去记忆能力的小鼠进行迷宫试验中，发现经喂食猴菇菌粉的小鼠，会重建记忆功能。脑组织中的淀粉样蛋白斑块沉积也明显减少。因此专家们认为，猴头可作为预防和治疗老年痴呆症的饮食补充物。[②]

---

①　K. Mori, S. Inatomi, K. Ouchi et al. Improving effects of the mushroom Yamabushitake（Hericium erinaceus）on mild cognitive impairment: a double-blind placebo-controlled clinical trial. Phytotherapy Research, 2009. 3

②　K. Mori, Y. Obara & T. Moriya, et al. Effects of Hericium erinaceus on amyloid β（25–35）peptide-induced learning and memory deficits in mice. Biomed Res, 2011. 32（1）: 67–72

　　猴头菇还有镇静神经、缓解焦虑、减轻抑郁的作用。我国山西民间以往就有用猴头治疗神经衰弱的验方。国外曾对绝经期妇女进行给予服食猴头菇粉的实验，表明此方法能有效改善更年期妇女焦虑、抑郁和情绪不稳等神经官能症状。[①]

　　此外，有医务人员试验使用猴头菇的提取物来协助治疗莱姆病。这是一种以蜱虫为媒介的感染性疾病，患者在中后期常常伴随着各种神经系统损害的发生，以往临床一直缺乏针对性的治疗方法，但猴头菇也许会给患者带来新的希望。

　　在科技工作者和菇农的不断努力下，猴头菇在我国早已实现大规模的子实体人工栽培和菌丝体的深层发酵生产。因此，专家们建言，中老年人平时多食猴头菇，对于预防和减缓老年痴呆、帕金森症、癫痫症、抑郁症等神经系统疾病的发生，是大有益处的。

---

① 　M. Nagano, K. Shimizu & R. Kondo, et al. Reduction of depression and anxiety by 4 weeks Hericium erinaceus intake. Biomed Res, 31（4）: 231–7

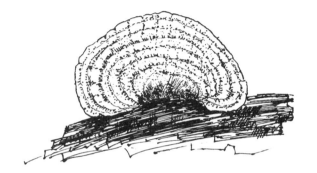

云芝

天然的药物宝库

　　蕈菌家族中的很多品种都具有药用功效。一般分为两大类：一类是药食兼用型，如香菇、木耳、猴头、灰树花、姬松茸等；另一类是医药专用型，如灵芝、云芝、猪苓、麦角菌、安络小皮伞等。它们在服务人类的医疗健康事业方面有着非凡的贡献和巨大的潜力。

　　中国是药用菌类资源最丰富的国家之一，对药用菌的发现、使用和栽培有着悠久的历史。应该说，从传统中医药萌芽诞生的那一刻起，菌类药用就已经成为其重要的组成部分。长沙马王堆汉墓出土的医书《五十二方》（大约成书于春秋战国时期）就列有用柳蕈熏治"胸养"（肛门瘙痒）同时发"痔"的医方。迄今发现最早的古代药物专著《神农本草经》（公元100—200），不仅收录有六芝、茯苓、猪苓、雷丸、木耳等 10 多种真菌。而且对每一味药的产地、性质、采集时间、入药部位和主治病症都有详细记载。对各种药物怎样相互配合应用，以及简单的制剂，都做了概述。书中指出某些菌类可使人"益智开心"，并有"坚筋骨，好颜色""益气不饥，延年轻身"的奇妙功用。南北朝时期的陶弘景《本草经集注》和《名医别录》中又增添了马勃和蝉花等，以后历代本草菌类药均有不断增补。明代李时珍编著《本草纲目》，将蕈菌药列为"芝栭类"，搜集的种类更扩大到40余种。此外在地方和少数民族编撰的医方药书中，也多有药用菌的记载。明代的《滇南本草》记录了云南的31种药用菌，皆为内地所未见。15世纪藏医籍《千舍万利》记载的"牙扎贡布"（冬虫夏草），以及维族药中的"阿里红"（拟药层孔菌）、彝药中的"木谷补底"（凉山虫草）等都是传统的有民族特色的药。据初步整理，到清代末期，我国在本草和其他著作中记录的药用菌种类有100多种，采用药用菌的医方逾万首。涉及中医的内治、外用以及儿科、妇科、老年疾病、养生美容等各个方面。山西的"舒筋散"是追风散寒、舒筋活络、治腰腿疼痛、手足麻木的特效良方，其原料组成主要是五台山"台蘑"及其他几十种野生菌类。这些菌药在历经千百年的医疗实践中，疗效确凿，使用可靠，至今还在广泛应用并得以发展，这是中医药对世界的重要贡献。

中医药历史上的传播交流也对日本、朝鲜等东方国家的传统医药产生了重大影响。明代李时珍的《本草纲目》传至日本后曾在那里掀起了研究热，江户时代的著名学者林罗山编撰的《多识篇》、小野兰山所著的《本草纲目启蒙》等重要著作，均对《本草纲目》

的内容，包括药用菌在内的各类中药进行了详细介绍。博物学家贝原益轩仿照《本草纲目》体例，编著的日本本土药典《大和本草》中，收录了原产于日本的舞茸、皮茸、桑耳等27种药用蕈菌。朝鲜500多年前的医书《乡药集成方》和400年前的医书《东医宝鉴》也多有菌类药应用的内容。

西方蕈菌药用的历史也很悠久。1998年，两位登山者在阿尔卑斯山融化的冰川层发现了一具距今5300年的保存完好的古尸——"奥茨"冰人。从他随身携带的物品袋里找到一串桦木多孔菌和一些用木蹄层孔菌加工成的火绒。专家们经过考证分析认为，这两种菇菌应该是该地区古代部落人群用来治疗内外科伤病的药物。经检查"奥茨"冰人生前患有肠道寄生虫病，用桦木多孔菌煮茶来喝有清肠驱虫、缓解病痛的效果。木蹄层孔菌又称火绒菌，不仅可以作为引火材料，而且是很好的外伤止血和创口干燥的治疗用药。在古代欧洲地区有"外科医生蘑菇"之称。公元前5世纪古希腊名医希波克拉底曾讲到过欧洲民间将某些菌类加工成一片片药绒放在患者皮肤上点燃，用烧灼的方法治疗一些慢性内科疾病以及坐骨神经痛等，有点类似于中医的艾灸。需要指出的是，由于对蕈菌的认识偏见以及中世纪宗教势力的排斥打压，药用菌类在传统西方医药学经典中，并没有获得其应有的地位。但作为民族、民间的药物瑰宝，其闪耀的光芒仍然是令人炫目的。硫色绚孔菌在欧洲民间一般被用来治疗发热、咳嗽、胃病和风湿性关节炎，或以焚烧子实体来烟熏驱赶蚊、蠓。松生层孔菌内服用以治疗头痛，恶心和肝病，外用则作为止血剂和抗炎剂。桦剥管菌在俄罗斯民间被用来茶饮以解除疲劳、舒缓紧张和强健身体；波罗的海沿岸地区和芬兰的居民则用其来治疗癌肿；西伯利亚和北美的部族将其研粉作为止痛用的鼻烟剂。苦白蹄的药用范围则更广，德国和乌克兰地区古代用其煎服治疗肺结核盗汗和咳嗽、哮喘；奥地利的南蒂罗尔地区民间用其通便、助消化以及治疗类风湿性关节炎、出血和伤口感染等。无独有偶，北美太平洋西北海岸的土著居民也把苦白蹄当作具有超自然力的药物，不仅用以治病，而且拿它当作驱邪的宝物。当然这样做的副作用是也就使苦白蹄这一宝贵的药物资源在欧洲森林地区几近枯竭。

药用菌之所以能治病，其物质基础在于它们所含的药效成分。随着科学技术的发展和医学研究的深入，人们先后从蕈菌中分离出一系列具有药用价值的次生代谢产物，主要是真菌多糖、生物碱、萜类化合物和色素类等生理活性成分。真菌多糖是一种重要的生物效应调节剂，能通过多种途径、多个层面对人体免疫系统发挥调节作用，提高机体的抗病能力。科学实验表明，真菌多糖有着很好的抗肿瘤活性，对癌细胞有抑制力，在癌症病人手术后及放化疗过程中使用，可以减轻放化疗的毒副反应，提升白血球数量，并且在改善治疗效果、防止癌瘤复发方面也很有作用。日本开发的香菇多糖、云芝多糖、裂褶菌多糖被批准作为抗癌药物用于临床。[①] 据统计，目前已有 260 余种具有抗癌活性的蕈菌多糖被筛选出来，其中有 50 种弥足珍贵。[②] 生物碱也是菌物中具有药物功效的一类重要代谢产物，例如平菇的子实体中含有的天然"洛伐他丁"成分，对于治疗高脂血和动脉粥样硬化患者有着很好的作用。又如麦角碱对治疗偏头痛、心血管疾病有明显疗效；蜜环菌腺苷及嘌呤有降血脂作用；灵芝碱甲、灵芝碱乙有抗炎功效。菌物中含有的多种萜类化合物更是具有广泛的药理作用。目前单是从灵芝中就分离出二百多种三萜类化合物，此外从茯苓、硫磺菌、洁丽香菇、肉色栓菌等担子菌中也分离出很多型三萜化合物，普遍具有抗细菌、抗病毒、消除炎症以及抗癌等作用。从竹黄菌中分离出来的竹红菌素 A 有消炎、镇痛、抗病毒等功效，同时它也是真菌中诸多色素物

---

① 王谦，贾震．食药用真菌的药理作用研究进展．医学研究和教育，2010（10）
② 陶文沂，敖宗华等．药食用真菌生物技术．化学工业出版社，2007

质中的一种。

近半个世纪以来，在现代医学科技的基础上，研究发现具有某种药用价值的蕈菌种类不断增加，菌类药的医疗应用范围也越来越扩大。目前已经临床证明的蕈菌药用功能有 126 项之多，涉及各个重要病科，对人体循环系统、免疫系统、消化系统、呼吸系统、神经系统等方面的病症均有疗效，尤其在抑制各种癌瘤以及防治高血压、高血脂、高血糖等现代文明病方面有着非常好表现。另外，人类在利用蕈菌药对抗SARS、艾滋病、禽流感等严重威胁人类健康的新型病毒性感染方面的研究也已初露曙光。

在回归大自然的国际潮流影响下，世界各国均已认识到天然药巨大的医药价值和市场潜力。2001 年欧盟正式公布了《传统药物产品法令》（草案），美国通过修改 FDA 的有关条款，使植物药的市场准入前景有了很大改观；日本有 40% 的医生开具汉方药和天然药物，有 35% 的患者采用天然药物治疗，而经常服用天然保健食品的人数更多。国际医药界约有 170 多家公司，40 多个研究团体在从事传统药物的研究开发。重点方向是运用众多现代科技手段，从天然产物中寻找活性成分或改造结构获取新的化学药，并且获得了显著成就。21 世纪初，人类医学 20 大最佳产品中，与真菌有关的超过 10 种，环孢素以及头孢霉素都是虫草所在的肉座菌目真菌的产物。

　　我国医药界的科技人员在继承传统的基础上，在发掘新的蕈菌药物，拓展新的应用领域方面也取得了喜人的进展。已经探明具有药用价值的大型真菌已达2000多种，香菇多糖注射液、猪苓多糖注射液、羟甲基茯苓注射液、槐耳冲剂、乌灵胶囊等一批菌类新药已投入医疗临床使用，还有数百种保健食品进入商业化生产阶段或已通过科学鉴定，未来的市场潜力巨大。

祛病养生话茯苓

北宋的苏轼、苏辙兄弟不仅是文学大家，而且熟谙养身之道。苏辙少时多病，经久服药而不愈。"夏则脾不胜食，秋则肺不胜寒，治肺则病脾，治脾则病肺。"32岁那年，他学气功，食茯苓，一年后病愈，自此研究药物养生，认为茯苓是补肾养脾之珍品，"可解急难于俄顷，破奇邪于邂逅"。在他的《服茯苓赋并引》文中写道：茯苓可以"固形养气，延年却老"，久服能"安魂魄而定心志""颜如处子，绿发方目，神止气定，浮游自得"。他的哥哥苏轼则善于用茯苓养生，在茯苓中加入芝麻、白蜜制成茯苓饼来吃。"日久气力不衰，百病自去，此乃长生要诀。"东坡先生晚年仍有惊人的记忆力和强健的身体，或许与他服食茯苓饼有关。

茯苓，又名茯菟、松腴、伏灵或不死面。是一种长在马尾松或赤松根下的多孔菌菌核，有的呈球形，有的呈椭圆形或长椭圆形，小的如拳头，大的可达数十斤重。菌核是菇菌储藏营养物质抵御不良环境而形成的一种休眠体，由菌丝聚集和粘附而成，内层是疏松组织，外层是拟薄壁组织。当环境适宜时，菌核能萌发产生新的营养菌丝或从上面形成新的繁殖体。

茯苓浑身是宝，各个部位都能入药，且有着不同的功效作用。茯苓菌核的外皮称为茯苓皮，能利水消肿；削去外皮后的淡红色部分称为赤茯苓，主行水利湿；切去赤茯苓后的白色部分称为白茯苓，用于健脾渗湿；而白茯苓中心抱有细松根者称为茯神，有宁心安神之功效。

茯苓作为药物使用，在我国已有三千多年的历史。古人称茯苓为"四时神药"，因为它的功效非常广泛，各种时症急病都能用上。将它与各种药物配伍，不管寒、温、风、湿诸症，都能发挥其独特功效，我国最早的医药典籍《神农本草经》将其列为上品。汉代名医张仲景创造的"五苓散""茯苓四逆汤"等以茯苓为主的利水渗湿经典名方，为后世医家临床施用所借鉴。唐代孙思邈的《千金要方》和《千金翼方》中，载录的茯苓方剂有718篇，用于虚实寒热等各种病症，尤其突出了茯苓的补益功效。宋代的《太平圣惠方》中的茯苓方剂数量更有2072篇之多，涉及用药的病症也越来越复杂多样。此外在流传的古今医案中，巧用茯苓治病的例子更是不绝于书。被誉为"儿科鼻祖"的北宋著名医家钱乙，中年之后身患风湿痹病。后来病情加剧，他深知此疾如果侵入脏腑，就会危及生命。医术高超的他决定自疗，于是便制作药剂，日夜饮用。

他采取牺牲局部以保全整体的方法，努力把病灶转移控制在远端的肢体上。结果左手左脚便突然间佝缩不能伸展。钱乙初达目的，接着又让亲友登东山，在长有菟丝的松树下采到了比斗还大的茯苓，按医方服用作为调理，祛除体内的风湿邪毒，虽然半边手足偏废不能用，但骨节坚强和健康人一样。现代名医岳美中大夫，单用一味茯苓饮，奇迹般地治好了病人的脱发顽症，被医界传为美谈。

茯苓又是著名的滋补性食品。我国从汉代起，就将茯苓作为清修养生必备服饵之佳品。汉朝褚少孙说茯苓能令人"食之不死"，故有"不死面"之称。王公大臣们常用茯苓与白蜜同服。南北朝著名医家陶弘景辞官归隐，梁武帝敕命每月供给他上等茯苓五斤，白蜜二斗。唐代以后，社会上服食茯苓更是沿袭成风，文人雅士们为此也留下了大量的华美篇章。唐代诗人贾岛常年服食茯苓以摄生保健，有"二十年中饵茯苓，致书半是老君经"之咏。宋代黄庭坚《鹧鸪天》词："汤泛冰瓷一坐春，长松林下得灵根，吉祥老子亲拈出，个个教成百岁人。"

养生创造出各种服食方法逐步演化成大众化的滋补食品。宋代苏颂著《集仙方》记载一种茯苓酥"味极甘美"，日食一枚"可终日不食，名神仙度世之法"。唐宋的坊肆中有一种用糯米、茯苓、人参、白术磨粉制成的"五香糕"可能是茯苓制糕的最早记述。如今江南市镇上所售的八珍糕里，茯苓也赫然在列。各地还有茯苓粥、茯苓包子、茯苓酒。至于北京名点茯苓饼，薄如绵纸，白如凌雪，原是清代皇族享受的佳品，以后流传到社会上为大众喜爱的美食。

　　茯苓的主要生物成分是茯苓聚糖、茯苓酸、层孔酸、麦角甾醇、胆碱、腺嘌呤、组氨酸、旦氨酸、磷脂、脂肪、酶、葡萄糖及无机盐等。现代医学研究证明茯苓有提高机体免疫，抑制肿瘤生长的功能。改性的羧甲基茯苓多糖对 U-14 肿瘤抑制率达 94.7%，对艾氏腹水癌细胞抑制率达 76.53%。[①] 羧甲基茯苓多糖还可以降低有害化学物对机体的损害。茯苓提取物有抑制病毒生长，治疗湿疹的功效。茯苓还有增强心血管系统、治疗脂肪肝、保护胃黏膜等各种药理功能。

---

① 陈国良，陈惠，陈若愚 . 食用菌治百病 .

蝉花——它们既非动物，也非植物，而是与『冬虫夏草』一样，属于虫草菌大类的另一个珍贵品种。

蝉花妙用治肾病

"雨砌蝉花粘碧草，风檐萤火出苍苔。"明代刘基描写自然界物候变化的这句诗中提到的"蝉花"是一种外形具有动物"蝉"和植物"花"形态的奇妙生物。每当夏至来临之际，它们就会白花花地现身于林间草丛。蝉花究竟是个什么样东西？这在古代始终是一个未解之谜。宋代大学士宋祁曾在他编撰的《益部方物略记》收录了西南地区的许多自然物种，其中就有蝉花，他的解释是"蝉不能蜕，委于林下，花生厥首，兹谓物化"。宋祁把这看作是动物变植物的一种"物化"奇观。直到近代，生物学家借助显微镜的观察，才真正揭开了这些奇特物种的秘密。它们既非动物，也非植物，而是与我国著名的"冬虫夏草"一样，属于虫草菌大类的另一个珍贵品种。

在我国南方毛竹产区生长着一种大型鸣虫——竹蝉。每年秋季交配后的雌性成虫会在竹枝上钻孔产卵，翌年孵化初生的若虫（幼虫体）从竹枝上掉下钻入土壤中。它们蛰伏在自建的洞穴里，靠吸食竹鞭和嫩根的汁液为生，要经过五年的时间才能逐步地成熟羽化为成虫。不过并不是所有的若虫都能完成最后的蜕变，它们也会遭遇各种"天敌"的攻击。一种名叫蝉棒束孢真菌常会入侵在浅表土壤中活动的老龄若虫，并在受感染的竹蝉若虫体内定居，长出菌丝体。寄生者靠吸收虫体营养不断生长，直至最终完全占据若虫体腔，只剩外表一个躯壳。每年6月下旬，被寄生的竹蝉若虫会顺着土壤的空气孔道向上爬行至孔口停息。此时正值雨季，温润潮湿的环境使白色菌丝很快就包裹住竹蝉若虫周身，并从若虫头顶上长出一寸多长形似白色鸡冠花的分枝孢梗束，突破表土伸出地面，形成我们常见的"蝉花"。3—5天后孢梗束成熟，分枝上会飘洒出淡黄白色的孢子粉，它们会继续感染新的竹蝉若虫开始新一代的繁殖。

蝉花在我国很早就被列入中医药用。南北朝时期的《雷公炮炙论》就有加工蝉花的记载。隋唐甄权的《药性论》、宋代唐慎微的《征类本草》、明朝李时珍的《本草纲目》以及之后的药典对其功效都有明确记载。认为蝉花味"甘、寒、无毒"，可"解痉散风热"、主"小儿天吊、惊痫、瘛疭、夜啼、心悸"，是医家治疗小儿惊厥等类疾病的一味良药。

时光荏苒，斗转星移。在新的历史时期，我国的医务工作者在继承传统的基础上，开展了对蝉花的药用价值的新探索，并取得了一系列重要成果。著名肾病专家陈以平教授及其研究团队自20世纪90年代起，首创采用蝉花治疗慢性肾衰和多种慢性肾病，在临床应用方面取得显著疗效。慢性肾病是目前全世界范围内医疗和公共卫生面临的一个难点问题。据不完全统计，我国成年人各种慢性肾病的总患病率为10.8%，患者人数估计为1.2亿，而美国的患病率更高达15.1%。许多病人由于肾功能受损逐步发展至肾衰尿毒症，只能通过透析治疗才能维持生命。陈以平教授经多年潜心研究，创制了以蝉花为主药的"金蝉补肾汤"，能够降低血肌酐、尿素氮水平，提高血浆白蛋白、血红蛋白以及减少尿蛋白。对肾病来讲，它起到了保护肾功能，延缓慢性肾功能衰竭的作用，能修复部分早期受损的肾脏细胞，改善肾脏的代谢功能、延缓肾功能衰竭发生。对病理分型肾病、糖尿病肾病、间质性肾病均有很好疗效，对其他慢性肾病，如难治性肾病、痛风肾、紫癜性肾炎、慢性肾盂肾炎、肾盂积水、胡桃夹性血尿等也有治疗效果。数以万计的患者病情得到缓解改善。

陈以平教授的科研成果引起了世界范围内的广泛关注，也推升了国内外的蝉花研究热。许多研究机构纷纷投入力量，应用现代化的科学手段，对蝉花的活性成分、药性药理和功效范围进行了广泛深入的研究。经检验测定，蝉花含有多糖、虫草酸、虫草素、多球壳菌素、多种生物碱、麦角甾醇等多种活性成分，与著名的冬虫夏草非常相似。而且某些成分的含量甚至高于冬虫夏草。在提高免疫力、抗疲劳、降血脂、改善睡眠、镇痛镇静等方面都有作用。日本的科技人员研究发现蝉花虫草孢子粉对胰腺癌、胃癌、宫颈癌、肝癌、白血病、回盲肠癌等癌症具有明显的抑制作用，可阻碍癌细胞生长甚至使其凋亡。并且可以预防传统化疗后因免疫力降低而导致感染，保护骨髓脏器免受化疗药物损伤等功能。

虽然蝉花和冬虫夏草在药用疗效方面有异曲同工之妙，不过中医对它们的使用还是有区别的。蝉花药性甘凉、适宜内热体质的患者；而冬虫夏草药性甘温，适宜内寒体质的病人。另外，需要特别指出的是，自然界还有一些与野生蝉花外形很相似的虫草品种，它们并不具备蝉花的药用功效，有的还有毒性，一些人不加辨识误采误食后容易发生中毒事件。

由于野生蝉花资源有限，难以满足广大患者的需求，我国科技工作者经过艰苦努力，成功地完成蝉花全基因组框架图谱的测试，实现了蝉棒束孢菌子实体的人工培养。经检验检测，其功效成分与野生蝉花相差无几，为今后的药源供应打下了基础。

马勃，民间俗称马屁泡、牛屎菇、狗头灰。每当夏秋之际，常可以在山坡上、田野中、草丛里发现它们的身影。

马勃成熟时，根部菌丝萎缩，球状的子实体不再固着泥土，被风一吹，四处翻滚……

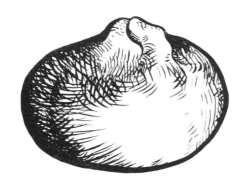

寻常马勃亦良药

马勃入药在我国由来已久，早在南北朝时，陶弘景就把它列入《名医别录》之中。以后历代本草药经中都有记载。金代的名医李东垣曾立志悬壶济世。时值兵荒马乱，疫病流行，许多人染上"大头瘟"，头肿得像西瓜般大，痛苦不堪，许多医生都束手无策。他潜心研究出一张方子，施治后非常有效。为了解救大众病人，他命名该方为"普济消毒饮"，将其刻在木牌上，竖在人来人往的当衢大道，病者抄回去，没有治不好的。后有人更将其刻在石碑上，以使流传得更广。李东垣在这方普济消毒饮中，用了一味很重要的清凉解毒药，就是马勃。

马勃，属担子菌亚门腹菌纲。民间俗称灰包菌、马屁泡、牛屎菇、狗头灰。马勃种类很多，有大秃马勃、脱皮马勃、紫色秃马勃、彩色豆马勃等。每当夏秋之际，常常可以在山坡、田野、草丛、路边发现它们的身影。马勃分布很广，在我国大部分省区及世界各地都有生长。它的子实体多为球形、梨形、卵圆形及陀螺形，小的有如皮球，大的状若南瓜。美国纽约州发现的一个大马勃，直径竟达 1.63 米。子实体幼小时可食用，嫩如豆腐。成熟后表皮转为褐色，有的有裂纹。其皮壳状的包被内有内膜，里面存储着亿万个粉末状的孢子。马勃成熟时根部菌丝萎缩，球状子实体不再固着泥土，被风一吹，四处翻滚，内里孢子被不断挤压释放出来。或被动物踩碰爆裂，孢子便从中喷出，扬起一场尘埃状的烟雾，刺人耳鼻，睁不开眼。所以在中国民间又有"地烟"的俗称，而英格兰人给出的绰号则是"魔鬼的鼻烟壶"。

马勃药性平、味辛，归肝、肺、肾、胃经。是我国民间的常用药。老百姓上山砍柴，不小心受伤出血，便随手摘个马勃，将其包内粉末敷在伤口止血，很见功效。在世界的其他地方，马勃也有被用来伤口止血、脐带消毒，作为膏药和洗剂治疗各种皮肤病等。北美地区的印第安人部落有用马勃焚烧驱邪的传统，虽然带着神秘色彩，其实可以说是原始住民的用药物消毒环境、防御疫病的一种方法。

近代研究表明，马勃对金黄色葡萄球菌、绿脓杆菌、变形杆菌及肺炎双球菌有一定的抑制作用。马勃在内科、外科、五官科等多种疾病的临床应用上，均有良好的疗效。

马勃药用于外感热症很见功效。医家谓其"治喉痹、咽疼，盖既散郁热，亦清肺胃，确是喉症良药"，药理研究证明马勃对呼吸道及肺部的多种病菌感染均有抑制作用，并能保护支气管黏膜、降低中枢的兴奋性。大量的中医临床实践证明：延用古方银翘马勃散对症治疗急性扁桃腺炎、咽喉炎、喉源性咳嗽、腮腺炎以及小儿手足口病等，效果均十分显著，一些急重症患者药用后能迅速减轻症状。

马勃也是外科止血消炎的良药。马勃含有马勃素、麦角甾醇、亮氨酸及大量机械性止血的磷酸钠成分，因此被选为许多外科治疗或手术的止血剂。例如前列腺外科手术后用马勃粉止血，无并发症及不良反应。口腔拔牙后的创口出血，用带马勃粉的纱条填在牙槽窝15分钟后即可止血，功效不亚于淀粉海绵或明胶海绵。治疗鼻出血，取马勃絮垫放于出血点上，轻轻扣压，效果良好。此外，内外痔出血，均可用马勃内服外敷。

马勃在难愈性创面的治疗上也非常见效。冬天许多人易患冻疮，严重者患处皮肤会起泡溃破，将马勃粉均匀洒在创面上，用消毒纱布包扎固定，隔两天换药，创口愈合很快。褥疮是临床最常见的并发症，也是长期卧床患者护理的一大难题。国内一些医院对Ⅱ、Ⅲ期褥疮患者采用马勃粉调和液体鱼肝油进行外敷，起到干燥收敛、去腐生肌的作用，疗效非常明显。对比采用西药广谱抗生素，敷用马勃粉无论在减少换药次数，提高创面愈合率，缩短治疗时间等方面都要更胜一筹。许多创面大、创口深、久不收口的难治患者最终都获得痊愈，从而大大减轻了病人痛苦和护理压力。此外，马勃粉外敷患处，对于下肢静脉性溃疡创面，俗称"老烂腿"，以及糖尿病足等症也有满意效果。

此外，随着研究的进展，人们还发现马勃中含有的马勃菌素，是一种具有抗癌作用的碱性粘蛋白，可以用于治疗咽喉癌、肺癌、舌癌、恶性淋巴瘤、甲状腺癌及白血病等，因此马勃在抗癌抑瘤方面的前景也很广阔。

"对症则牛溲马勃，立起沉疴；不对症即参术苓芪，亦足戕命。"马勃虽然普通平凡，但是在很多临床施治中却能发挥大作用，其药用价值和对人类健康的贡献不容小觑。

雷丸驱虫见真章

李时珍的《本草纲目》中，引述过一个离奇的医疗案例。淮西人杨勔得了一种怪病，每每说话时，肚子里就会有一个声音跟着仿效应答，久而久之，声音越来越大。后来有一名道士告诉他，这是应声虫，如果不加治疗还会延祸家人。你可以诵读《本草》药典，读到该物不应答之处，就用此药治它。杨勔按此方法读至"雷丸"这味药，虫忽然无声，即取雷丸数枚服之立愈。这个故事虽然几近荒诞，然而雷丸是中医驱虫的良药却是不争的事实。

雷丸，又称雷实、竹苓、木莲子，是白蘑科雷丸菌的菌核。因为它们大多生长在竹林地下，并且往往只在雷雨天后才能采集到，所以古人认为是"竹余气所结""得霹雳而生"。雷丸不易挖取。据有经验的药农介绍，竹林中开花或枯叶的片区，老竹桩须根旁泥土有松泡的，或者捶打竹蔸附近地面有空洞声的，常可挖到雷丸。挖后去净泥土，晒干，或趁新鲜时切成饮片备用。雷丸在我国最早的药典《神农本草经》中就有收录，指其功效为"杀诸虫、逐毒气、胃中热……

作摩膏，除小儿百病"。《名医别录》上载雷丸功能为"……逐邪气、恶风汗出、除皮中热、结积患毒"。唐代《元和郡县图志》更有朝廷由房州入贡雷丸的记载。雷丸是很好的驱虫药物，对绦虫、钩虫、蛔虫等多种肠道寄生虫以及囊虫、丝虫及阴道滴虫等其他人体器官内寄生虫均有驱杀作用。尤以驱杀绦虫为佳。

近年来，我国部分省区特别是沿海经济发达地区食源性寄生虫病的感染人数有迅速上升的趋势。由于追求生冷猎奇的饮食方式，使肝吸虫、肺吸虫、带绦虫、囊虫等危害人体的寄生虫病不断高发，成为新时期的"富贵病"。另外，我国西南和东北部分地区的居民有生食猪、牛肉的嗜好，亦是带绦虫病的高发区。雷丸的主要成分为雷丸素，是一种蛋白水解酶。雷丸驱绦虫，并不是使其麻痹排出，而是通过该种酶的作用，使虫体蛋白质分解、破坏，虫头不再附于肠壁而排出，对人体却无侵害性和副作用。临床试验报道，服食生雷丸粉治疗绦虫病的总有效率达100%。[1]雷丸服用方法简便，不用忌口，而且因为雷丸含有大量镁，有通便作用，服后一般不需另服泻药，病人可正常工作。

囊虫病是经口误食的绦虫卵在人体内发育成囊尾

[1]　李春斌，倪茹华.雷丸槟榔治疗绦虫100例.云南中医杂志，1997-2：20

蚴引起的病症。囊尾蚴在人体寄生部位较广泛，除皮下组织和肌肉外，还可寄生在脑、眼、心、肝、肺等重要器官。皮下肌肉囊虫病可发生大量的皮下结节；眼囊虫病轻则视力障碍，重者失明；而脑囊虫病更为严重，会引起剧烈头痛、癫痫发作及严重的精神症状。曾有一则病例，患者多年来头疼如裂，欲生欲死，却查不出病因，以致生命垂危。后经 CT 检查，发现其脑部布满了数十个白色囊泡，经探查方知是脑囊虫作祟。经医院对症治疗，才挽救其生命。目前抗囊虫的化学合成药物，如吡喹酮或苯并咪唑类，不仅用药剂量大、疗程长、对人体有一定副作用，而且虽能杀死虫体，但死虫留在体内形成钙化灶，仍会压迫神经留下后遗症。而以雷丸为主药的中药消囊灵，能有效地穿透脑血屏障将虫杀死，并将其溶解吸收，不会形成钙化灶，使病人较少有后遗症，且用药疗程短、见效快、费用低、副作用小，明显优于许多西药驱虫剂。

另外根据最新的研究发现，雷丸在抑制肿瘤、改善症状、提高人体免疫力等方面也有着奇特功效。因而引起了中外医药界的高度重视，聚焦雷丸研制开发新型高效驱虫药和抗癌辅助药成为热点。目前我国国内使用雷丸生产的中成药、新药、特药品种已有千余种。

树疙瘩里多药宝

人们在森林漫步之时，时常会发现一些大树的树干或根部赘生着各种奇形怪样的瘤状疙瘩，它们有的状如舌头，有的形似马蹄，有单个的长得像一个挂在树上的钟，也有群生的层层叠叠如同覆盖的屋瓦。其实这都是一些腐生或寄生在木本植物上的菌类子实体，大部分属于多年生的硬革质或木栓质多孔菌。

可别小看了这些树疙瘩，它们虽然不是餐桌美味，却大都有着各种药用价值。例如硫黄菌含有齿孔酸，能健脾益气，调节人体机能；长得像荷包似的隐孔菌，可抑菌消炎，止咳平喘，治牙疼痔疮；桦革裥菌主治腰腿疼痛，手足麻木、筋络不舒、四肢抽搐，是中药"舒筋丸"的主要原料；树舌有祛风除湿、清热止痛、化痰化积等多种作用。不过说到影响最大、风头最劲的可就要数红、黄、蓝、白、黑五色"瑰宝"了。

红宝是被誉为"宝岛红宝石"的牛樟芝，它生长在我国台湾的国宝级树种——牛樟树的中空树洞内壁上。初生时鲜红色，渐长变为淡红、淡褐色，成熟时变为棕褐色。樟芝具有强烈的黄樟香味，新鲜子实体含在口中舌尖有辛麻之感，干品则有浓郁的辛苦味。早间台湾的原住民在入山采伐时发现樟芝，用来解酒醒醉和治疗食物中毒。人们逐渐发现，樟芝在改善肝胃功能，治疗心血管疾病、消炎、抗过敏、甚至癌症病人服用后改善症状方面都有意想不到的功效。因而引起医药、科技界的高度重视。经过研究判明，樟芝主要的有效成分为多糖和三萜类化合物等。其能够抑制宫颈癌、胃癌、肝癌、乳腺癌细胞的生长，对肺癌、淋巴癌、白血病等也有明显作用。樟芝还有非常出色的保肝作用，能够很好地预防急性大量饮酒导致的酒精性肝炎和脂肪肝的发生，同时对阻止肝纤维化形成、减缓肝硬化的发生也具有很好的效果。近年来研究还发现，樟芝能很好地抑制乙型肝炎病毒的体外复制。患者在服用后，能很好地清除体内的乙肝病毒，有的可以达到临床治愈的效果。樟芝还有抗氧化、降血脂、松弛血管、降血压、抑菌消炎等作用。由于牛樟树的生长有地区限制，加上大量盗采，在自然界存数日渐稀少，樟芝更是生长缓慢，因此野生的樟芝显得十分珍贵。天然樟芝的价格也水涨船高，成为中国台湾市场上最昂贵的野生真菌。

　　黄宝是有着"森林黄金"美称的桑黄菌。子实体扁半球状或马蹄状，表层肝褐色或棕黑色，底部颜色鲜黄，菌肉蛋黄色或浅咖啡色，在中国和日本、韩国、俄罗斯都有出产。桑黄是传统中医的"妇科圣药"，民间更有"桑树生黄，幸得之，百病可医"的说法。日本长崎县的女岛上盛产桑黄，俗名"女岛瘤"，江户时代就被纳入汉方药。朝鲜的古医书《乡药集成方》和《东医宝鉴》也十分推崇桑黄。1968年日本国立癌症研究中心公布了一组实验数据：在对小白鼠癌瘤组织的试验中，桑黄提取物对肿瘤细胞的增殖抑制率达到96.7%，在十几种有抗癌效果的药用菌类中独占鳌头。[①] 这一消息立即引起了国际上高度关注，日本、韩国以及中国的研究人员纷纷组织力量，开展各种研究分析，使得桑黄许多全新的药用功能被不断被发现。桑黄能多层面，多途径地调动人体内的各种免疫功能，并且通过影响肿瘤细胞的信号传导、阻滞肿瘤细胞的血管生成以及诱导肿瘤细胞分化、凋亡等多重机制达到抑瘤治癌的目的，因而成为目前国际公认的生物抗癌领域中最有效率的菌类之一。日本有关方面曾组织过一次应用桑黄治疗30名患有不同癌症病员的实验，七八周后，有三分之二的患者出现了不同程度的改善。桑黄在治疗痛风方面也有良好效果，桑黄提取物能防治高尿酸，有效地抑制黄嘌呤氧化酶的活性。在降低血糖方面，

---

① 王稳航，李玉，李兰会. 药用真菌桑黄抗癌功能的研究进展. 现代生物医学进展，2006，6(10)

桑黄提取物能促进胰岛细胞的代偿增生，增加胰岛素的分泌，促进肝糖元的转化，达到降低血糖浓度的作用。一些服用西药降糖无效的顽固性高血糖病人转服桑黄后也出现了转机。韩国在桑黄的药用研究和开发利用方面投入很大力量，并已正式许可将其列为抗癌和免疫增强药品。桑黄不仅被用于制药和生产健康食品，还作为养颜、抗皱、防衰老的活性成分添加到各种护肤、保健产品中。日本方面也利用桑黄开发出一系列保健功能食品，美国自2002年开始从日本进口桑黄制剂作为膳食补充剂在本土销售。

蓝宝是外表"青如翠羽"的云芝菌，又称彩绒革盖菌，是一种世界性分布的木腐性真菌。常生于阔叶树的枯木、倒树上，呈复瓦状叠生。菌盖面上生有环状排列的蓝色、深蓝色、黄褐色、褐色、白色及黑色等杂色绒毛。我国民间早就有采集云芝煎茶饮用以强身健体的传统。元朝学者刘秉忠有《尝云芝茶》云："铁色皴皮带老霜，含英咀美入诗肠。舌根未得天真味，鼻观先通圣妙香。海上精华难品第，江南草木属寻常。待将肤腠侵微汗，毛骨生风六月凉。"这首诗描绘了云芝茶的入口甘美，闻香通窍，又讲了它发汗、清热、消暑、解凉的功效。

云芝的研究和大规模的开发利用是近几十年才开始的。1965年日本吴羽化学工业公司从液体深层培

养的云芝菌丝体中提取到了一种具有生物活性的多糖
物质（PSK），经化学成分鉴定和临床药理试验，确认
其具有提高机体免疫功能、抑制肿瘤的作用。1977 年
PSK 被批准成药上市供应后，受到医家患者的普遍欢
迎，并在以后的二十多年来，稳居日本十大抗癌畅销
药的第二位。紧接着，我国科技人员也在云芝的发酵
培养物和野生子实体里，分别提取了云芝糖肽和云芝
多糖等有效成分作为免疫增强剂。对术后进行放化疗
的癌瘤患者有增强机体耐受力，减轻放化疗毒副反应，
提升血液白细胞数量的作用，效果十分明显。另外国
内在利用云芝对治疗迁延性肝炎和慢性气管炎等方面
也取得了很好的疗效。

　　白宝是著名的"苦口良药"苦白蹄。在公元 1 世
纪古希腊医者迪奥斯科里季斯编著的西方首部药典《药
物论》中就有记载。欧洲人用它来治疗肺结核盗汗、
咳嗽，哮喘、胃痛、胃胀、类风湿性关节炎、出血和
伤口感染等。由于需求采集过甚，以至于苦白蹄在中
欧地区的森林里几乎难得一见。北美太平洋西北海岸
的原住民也有使用这种菌类外敷内治的习惯。近年来
研究发现，苦白蹄在抑制干扰病毒、细菌方面有着非
常强烈的药理活性。其对抗流感病毒的效果，要高出
现有的广谱抗病毒药利巴韦林（病毒唑）十多倍。美
国科学家在 9·11 事件发生后向政府提交"生物盾"

反恐防御计划的一项措施，就是采用苦白蹄的菌丝体提取物和其他药用真菌配成不同组方，来预防和对抗各种传染性的痘病毒、冠状病毒、艾滋病毒、禽流感病毒、疱疹病毒、肝炎病毒以及细菌性感染对大众人群的危害，并申请了有关专利。

黑宝是有着"特殊天然物"和"万能药"高度赞誉的桦褐孔菌。它们长在俄罗斯西伯利亚、中国东北、日本北海道以及北欧、北美等寒冷地区的白桦林树干上，子实体呈瘤状，表面棕黑色，木栓质。菌丝体极其耐寒，能耐受 -40℃的低温。十六、十七世纪，俄罗斯和波兰、芬兰等地区的民众用这种叫"恰卡"的药用真菌来治疗各种疾病，并把它称为上帝赐给苦难人类的神奇礼物。人们平时用它来泡茶和制作药酒内服，以滋补身体、清洁血液和缓解疼痛，还用其煎汤作为婴儿洗礼，妇科消毒等的外用清洗剂。现代研究发现，桦褐孔菌里含有多种药效成分。它具有很强的抗肿瘤活性，对乳房癌、唇癌、胃癌、胰腺癌、肺癌、皮肤癌、直肠癌、霍金斯淋巴癌都有明显的抑制作用，并能增强人体免疫力，防止癌细胞的转移、复发。桦褐孔菌有显著的降血糖功效。俄罗斯堪索莫乐斯基制药公司开发生产的白桦茸精粉对糖尿病的治愈率竟然达到了93%。俄罗斯在 1973 年还进行过一项用桦褐孔菌治疗牛皮癣的治疗研究，结果受试的 50 名患者竟然全部恢复了健康。研究发现桦褐孔菌的提取物有着极强的抗病毒能力，甚至对可怕的 HIV 病毒和 SARS 冠状病毒、O-157 出血性肠毒素感染也有很好的抑制作用。桦褐孔菌的药用功效，已经引起国际的广泛重视。俄罗斯、波兰等国早就将其列为抗癌药物进行开发和临床使用。日本也向世界各国提出了研究成果的专利申请保护，美国甚至把它列为宇宙人的未来饮品，韩国对其药理作用和临床药用价值也开展了深入研究。中国国内研究起步虽晚，但现在也在加大力量进行开发。

上述的"五色瑰宝"，除了云芝以外，牛樟芝、桑黄菌、苦白蹄和桦褐孔菌不仅野生数量稀少，而且子实体生长期都很长。人工的繁殖栽培也只是刚刚起步，这就大大限制了这些珍贵药物的广泛应用。目前，许多国家的科技界和产业界正在联手进行资源开发和加工利用，相信不久的将来，这些菌界的希望之星能够更好地造福人类。

蕈菌药的新传奇

在现代生物技术的强力助推下，不仅许多传统蕈菌药物的最新用途被发掘出来，更有许多原来毫不知名的品种突然现身行列，一鸣惊人，演绎出一个个新药开发的传奇故事

这里要介绍的第一个故事主角是环孢素。1970 年，瑞士山德士药厂一位名叫彼得·弗雷的研究人员在挪威哈当厄尔高原山区度假旅行时，出于职业习惯，顺手带回了一小袋那里的土壤。不过他绝没有想到，这袋泥土以后居然成就了一项辉煌的医药发现。药厂的实验室接到该份土壤样品后，从中分离出一支学名为雪白弯颈霉的真菌菌株，这是一种肉座菌科的虫草菌。实验人员从该菌株中提取出一系列的代谢化合物，编辑的数字代号为 24-556，它就是后来的环孢素。起先，24-556 是作为抗真菌药物的筛选对象，但是结果令人失望。还算幸运的是，因为某种原因，24-556 没有被完全放弃处理掉。不久接任山德士免疫实验室主任一职的伯利尔先生改革了实验方法，并在 1972 年将 24-556 列入一项综合筛选项目。结果有了重大发现，

24–556 具有很强的免疫抑制功能，并且不会影响其他体细胞的增殖，一个新的免疫抑制剂开始初露曙光。不过好事多磨，由于新药从应用开发到获准上市需要很大一笔投资，加上市场评估前景不太乐观，公司原有的一项免疫抑制药开发又刚刚遭遇失败，因此山德士管理层对 24–556 给出的意见是放弃。伯利尔和他的研究团队一方面据理力争，另一方面策略性地提出将 24–556 的研究方向转到山德士主要的研究领域——炎症，因为 24–556 对过敏性脑髓炎和类风湿关节炎的炎症也有强烈的抑制作用。最终公司管理层接受了他们的这个建议，这项重要的发现才避免了夭折。重大的转机是在 1976 年发生的，伯利尔参加了当年 4 月的英国免疫学会会议，他的论文报告引起了剑桥大学罗伊·凯伦教授等人的巨大兴趣。凯伦教授和他的研究小组便使用送来的这种新的真菌代谢物，进行了动物临床免疫抑制试验。结果令人激动不已：使用环孢素进行抗排斥反应的动物与使用硫唑嘌呤和激素等传统药物的动物相比，平均存活时间高出十倍。环孢素的诞生为人类器官移植手术治疗开辟了一条光明之路。作为抗排斥反应药物，它被成功地应用于人类同种异体的肾、肝、心、骨髓等器官组织的移植，在以后的 20 年内全球约有超过 50 万的各类器官移植病人因为服用环孢素受益而健康地生活着，并且这些数字还在快速增长着。此外环孢素对于类风湿关节炎、红斑狼疮、银屑病等一些难治的免疫性疾病也有着很好的治疗效果。

第二个传奇故事是有关治疗多发性硬化症的芬戈莫德。作为困扰现今人类健康的疑难杂症之一，多发性硬化症是以中枢神经系统蛋白质炎性脱髓鞘病变为主要特点的自身免疫性疾病。该病最常累及的是脑室，造成不可逆的神经损伤，患者会出现肢体无力、精神异常、共济失调、视力衰退等症状。目前世界上有250万患者，多发于20—40岁的青年人群。

日本京都大学的藤田教授长期从事虫草菌的项目研究。有次冥思苦想的他突然灵光一现，想到真菌能入侵并能长时间占据在昆虫体内寄生，本身一定存在某种能够抑制昆虫排斥抵抗的物质。循着这条思路进行摸索，果然在辛克莱虫草菌里，找到一种名叫多球壳菌素的物质。不过多球壳菌素虽然免疫抑制的活性很强，但令人遗憾的是它的毒性也很大，而且成药性差，不宜口服。因此无法直接作为人体用药。藤田教授和他的团队经过细致研究，决定在多球壳菌素的原有基础上，对它的分子结构进行一番改造，终于合成了一种治疗新药——芬戈莫德。1997年通过授权专利转给瑞士诺华公司生产。该药原本是打算用于器官移植的，但临床效果并不理想。后来却发现它在多发性硬化症治疗方面，倒是有十分出色的表现。它可以通过血脑屏障进入人体中枢神经系统，与有关细胞上的受体结合，减轻中枢神经系统的炎症反应和阻止神经退行性病变。真是"有心栽花花不开，无意插柳柳成荫"，芬戈莫德最终于2010年正式获批用于多发性硬化症。作为该领域一款革命性的治疗药物，受到医界和患者的极大欢迎。2013年诺华芬戈莫德产品的市场销售额达到22亿美元，成为全球50款最畅销药物之一，2016年更是增长强劲，创下了31.47亿美元的销售新记录。

　　第三个具有传奇色彩的是嗜球果伞素类杀菌剂的开发。1969年，捷克科学家穆斯科卡等人从担子菌的霉状小奥德蘑里分离出一种能够抗真菌的物质，认为是一种粘菌素，便没有深究，只是把它用于治疗皮肤病。殊不知，这个草率决定竟使他们与一项重大的药物发现失之交臂。1977年德国生物技术药物研究所的两位科学家安克和施特格利希教授，从长在松果球上的嗜球果伞菌的发酵液中，提取到两种色素化合物——嗜球果伞素A和B，并发现这类物质具有很强的广谱杀菌能力。后来经过科学家们更细致的分析对比，认为嗜球果伞素和早先捷克人在奥德蘑发现的抗生素应该是同一物质。这一成果立即引起了国际化学药业的两个巨头——英国捷利康公司和德国巴斯夫公司的高度关注。他们立即投入大量的人力、物力和资金，力图将嗜球果伞素开发成一种新的农用杀菌剂。可是进

展并不顺利，田间试验时的强烈阳光照射很容易使药
品失活。开发项目一度陷入绝境，甚至有人提出放弃。
科学家们经过努力终于找到了破解的办法，他们改进
了药物的分子结构，并且采用仿生合成技术，终于完
成了具有里程碑意义的产品开发。捷利康和巴斯夫几
乎在同时推出了他们的新产品：嘧菌酯和醚菌酯。第
三代甲氧基丙烯酸酯类农用杀菌剂于是问世了。这类
杀菌剂能有效防治各种真菌在谷物、豆类、蔬菜、水
果等农作物上引起的病害，使用范围非常广，它的作
用机制独特，不仅能够防治病害，还能保护庄稼，促
进植物生长，是名副其实的农田"保健医生"。更为重
要的是，该类杀菌剂对人、畜及有益生物安全，对环
境无污染，因而一上市就受到各界的广泛好评。以后
几乎所有国际上的农药大公司包括拜耳、杜邦、盐野
义、诺华都相继加入了这类药剂的研发行列，申请的
专利多达 600 余个，合成的衍生物超过 3 万个。2014
年全世界甲氧基丙烯酸酯类产品的销售额达到 37.43 亿
美元，一举超越所有对手成为全球第一大农用杀菌剂。
小蘑菇成就了大产业。

欧美的蘑菇工业

我们通常会在市场上见到一种圆圆的小白蘑菇，它的正式名字叫双孢蘑菇，也有人称作洋蘑菇。这些个肥厚敦实、模样可爱的小家伙背景可不简单：它是目前世界上人工栽培范围最广、生产量最大、消费人群最多的食用菌品种，全球100多个国家地区都有生产，每年产量超过500万吨，国际间贸易额达数十亿美元。

双孢蘑菇色泽洁白、肉质肥硕、气味芳郁、入口鲜美，有着很高的营养价值。其蛋白质含量丰富，而所含氨基酸的组成也十分全面，又极易被人体消化吸收。双孢蘑菇的脂肪、热量低，而维生素、矿物质、膳食纤维含量高，对于人体健康十分有益。双孢菇还含有一种双链核糖核酸，可以抑制病毒的增殖，是一种比黄金还要贵的干扰素。双孢菇在欧美地区尤受大众青睐，在那里有着"蔬菜牛排"和"植物肉"的赞誉。

双孢蘑菇的人工栽培起源于法国。最早在1550年，法国便有人尝试将蘑菇栽培在菜园未经发酵的马粪堆上。路易十四时期，社会消费奢华成风，巴黎郊外流行栽培热带瓜果，人们偶然发现在栽培甜瓜之后的废弃温床上会长出蘑菇，如果用漂洗过蘑菇子实体的水洒到畦床上，则蘑菇生长更为旺盛。由于蘑菇无论在上流社会还是普通市民阶层中都很受欢迎，因此价格很贵。在利益的驱使下，巴黎郊外出现了早期的商业栽培。17世纪初，法国"蘑菇栽培之父"托尼弗特认为蘑菇孢子存在于马厩粪中，萌发后会长出绒毛样的霉状物。他将这些霉状物作"种"移植到半发酵的马厩肥上，表面再复上一层泥土，结果成功栽培出了蘑菇。此举的意义不仅在于明确了"种"的概念，而且首创了"复土"方法，直到今天复土仍然是双孢菇栽培不可缺少的工艺程序。后来法国人又进一步发现，在黑暗潮湿的隧道、地洞里栽培蘑菇的效果更好。由于巴黎郊外和北部山区，有许多石灰岩洞穴和荒废的地下采石场，人们便竞相利用其来栽培蘑菇，以致这些地下栽培场竟成了"挖金洞"。据说在全盛时期的1900年，法国境内栽培蘑菇的畦床长度加起来竟然达到2500千米。拿破仑时期发明了食品罐头，使法国人可以将大部分收获的新鲜蘑菇加工成罐头，以便储存食用和出口远销，因而进一步刺激了蘑菇的生产发展。1894年，康斯坦丁等人首次用孢子制成了"纯菌种"，这是蘑菇菌种制备迈向科学的第一步，是蘑菇栽培技术的一项重大革命，也成为近代菇业产生的里程碑。

19世纪初叶，蘑菇栽培由法国传入英国、比利时、德国和荷兰并由那里越过波兰、俄罗斯南部、乌克兰到达巴尔干。英国和法国的移民又将蘑菇栽培带到美国，19世纪中叶又传入日本，栽培区域不断扩大，栽培技术也不断得到改进。1860年，英国人进行了"峪形菇床"的室外栽培，夏栽秋收，后来发展为温室栽培。1910年，美国建成标准菇房，欧洲也普遍采用。1934年，美国又发明浅箱栽培法和室内短期发酵法，以后法国也开始在洞穴栽培中采用了这一技术。技术的不断发展，使双孢菇的栽培开始从一门古老的园艺技术，发展成一门兼容多学科涉及多部门的产业技术。

1947年，荷兰首先采用在控制温度、湿度和通风条件下种植双孢菇，由此开了食用菌工业化生产的先河。之后，美国、德国、意大利等国相继采用了工厂化、机械化、自动化的大规模生产方式，并形成了高度的社会化组织分工和专业化生产协作。蘑菇生产已在欧美被公众称为"蘑菇工业"。

菌种是蘑菇生产的源头。在欧美是由高度专业的研发生产部门来承担的。这些部门的作用首先是培育良种，他们在全世界范围内广泛采集和保存各种野生和人工繁殖的蘑菇菌种，作为资源储备。然后根据需要，选择遗传性状不同的菌株作为父本或母本进行杂交，选育出人们所期望的味道美、吃口好、外观漂亮以及具有产量高、抗逆性强、生长周期短等特点的新品种，供栽培者使用。例如著名的 U1 纯白色品系和 U3 米色品系的杂交品种，就是由荷兰霍斯特菌种站育成的，它们在全世界范围内得到广泛应用。这些部门的另一个重要作用是提供生产用种。在美国施尔丰公司的现代化生产车间里，有一台电脑控制的可 360° 旋转的大型 "Y" 状不锈钢容器，容器外层带有夹套，可通入蒸汽或冷媒来控制温度。菌种生产时先按比例向料仓内加入黑麦、小米等基料和水，再通入蒸汽进行升温灭菌。此时容器会 360° 旋转，以达到均匀灭菌的效果。灭菌结束后向夹层里通入冷媒进行降温。然后将装有母种的容器罐和大罐进行对口连接，确保在无菌状态下接入母种，电脑指挥 "Y" 型罐再度旋转使得母种和基料充分混合均匀，随后放料装入一个个带有呼吸孔的菌种袋，打上生产批号。菌种袋被送入专门的培养室上架培养，一段时间后才能成为提供生产用的栽培种。每批菌种出厂前会经过一系列严格的质量检查和出菇试验，之后才会对外发货。施尔丰公司在全球范围内有 6 个研发中心、10 家蘑菇菌种厂和 18 家菌种销售机构，向 65 个国家和地区提供菌种，每年的菌种产量足以提供 150 万吨鲜蘑菇生产。

　　培养料是蘑菇生长的"土壤"。在欧美也是由专业化的公司来制作的。例如荷兰的 HEVECO 培养料公司，建有一排排大型的发酵隧道，采用先进的三次发酵工艺。首先，将粉碎好的麦草和畜粪按比例混合送入全封闭的大型发酵隧道进行第一次堆沤发酵，通过升温发热和微生物的作用，使原料软熟降解。发酵隧道里装有网格式的地面通风系统，不断将高压的新鲜空气按照设计流向送入数百立方的堆料，使发酵过程完全、充分并且均匀。完成后再将堆置的原料送入第二区的发酵隧道，利用堆料自身的升温发热，达到巴氏灭菌温度，以杀灭原料中的各种病原物。然后降低并控制温度在50℃左右，促使料堆中的各种有益微生物大量繁殖，使培养料转化成适合蘑菇生长的营养物质。整个运行都在计算机的监测控制下，几百个立方堆料的各点位置温差仅有1℃—2℃。经过二次发酵的培养料就可以用来栽培蘑菇了。此时工厂会安排第三个生产过程——将培养料送至无菌风环境条件下的隧道内集中进行播种和发菌培养，最后将发满菌丝的培养料，压块成型销售给菇场出菇。加上还有专门从事蘑菇的复土材料的配制、生产和销售公司。这样就使栽培农户摆脱了前期繁重的作业程序，极大降低了生产风险。高质量的培养料还能缩短栽培周期，提高单产水平，所以从事蘑菇栽培的农户都非常乐意使用。

欧美的蘑菇农场和栽培户大都采用统一设计建设的标准化栽培房，保温性能很好。栽培房采用智能化的人工环境系统，由电脑控制温度、湿度和二氧化碳浓度的变化。蘑菇栽种在菇房内一排排大型层架式菇床上，生产时只需一个电话，培养料和覆土料的供应商便会带着大型作业设备，一起登门送货，不多时便可完成在栽培床架上的铺料、覆土作业。栽培户只要按工艺控制好房间环境的温度、湿度和空气交换，就能保证顺利地出菇和收获。每平方米栽培料的收获量可以达30—35公斤，每年可以栽培6—8茬。看到这里，人们会由衷地感叹，高科技真是把蘑菇种到了极致。

欧美这种先进的工业化方式引领了全球蘑菇生产的变革，许多发展中国家和地区为了改变原有落后的农业生产面貌，也纷纷学习和引进这种生产模式。例如印度的农业公司全套引进荷兰的技术和设备，建成了目前世界上最大的双孢菇生产、加工、销售一体化综合企业，拥有大约42万平方米的栽培面积，每天的鲜蘑菇产量达到150吨之多，并且随即加工成各种规格的罐头品和冷冻品，全部向外出口。地处茫茫的干旱沙海的西亚阿曼苏丹国，常年气温在28℃—55℃之间，无论自然条件和资源条件都不适合食用菌的栽培。但当地通过引进工厂化的生产方式，利用国际化的资源配套，同样生产出了高质量的蘑菇，不仅满足本国消费，而且可以向周边地区出口，创造出了"天方夜谭"式的沙漠农业奇迹。

潇洒金菇工厂栽

寒冬腊月北风凛冽，亲朋好友围坐吃顿热气腾腾的火锅真是一种别样的享受。在五花八门的涮料选配中，人们总不忘捎上一盘清新水灵的小菌子——金针菇。且不说它具有清肥解腻、润燥降火的作用，单是沁入鼻腔的那股清雅芳香，以及吃到嘴里那种脆生生、鲜嫩嫩、滑爽爽的感觉，就会令人心醉不已。

金针菇，又名冬菇、朴菇、构菌、毛柄金钱菌，是一种在自然界冬季低温环境下生长的菇类品种，不仅味道鲜美，吃口爽脆，而且营养价值高，对人体健康非常有益。金针菇含有丰富的赖氨酸，有促进大脑发育、改善脑功能、提高记忆力的功能。日本将其作为儿童保健和智力开发的必需食品，因此有"聪明菇"之称；金针菇菌柄中还富含一种特别的生物活性物质——麦角硫因，能清除人体内的氧化物质，延缓细胞衰老，所以又被人们称为"长寿菜"。日本长野县是金针菇的主产区，也是人均寿命最高的"长寿之乡"，而且其癌症发病率也为日本最低。

中国是世界上最早进行金针菇人工栽培的国度，

其历史已有 1500 年。唐代韩谔编著的《四时纂要》一书中有："三月种菌子，取烂构木及叶于地埋之，常以泔浇令湿，三两日即生。又法：畦中下烂粪，取构木可长六七寸，截断锤碎，如种菜法，于畦中匀布，土盖，水浇长令润；如初有小菌子，仰杷推之；明旦又出，亦推之；三度后，出者甚大，即收食之。"这里说的"菌子"，据我国著名真菌学家裘维蕃教授考证就是"冬菇"，也就是我们通常食用的金针菇。这段记载尽管文字简略，却无不透露出我国古代劳动人民的聪明才智。取烂构木埋于地，即利用已有菌丝侵染的腐朽树材作为种木进行覆土栽培；施粪及米泔水，是添加菌子生长所需的碳和氮素营养；土盖，水浇长令润，是给予合适的温度和湿度；出菇后反复用杷将其推掉，类似于现今福建地区广泛采用的"再生法"，刺激大量出菇。可见这种原始方法还是包含了不少科学道理的。唐代以后，金针菇栽培方法也随着中日文化交流传往日本。直至 20 世纪 50 年代，日本北海道一带的山村里，也还沿用着这种古老的栽培方法。

　　随着社会发展和科学进步，金针菇的人工栽培技术也发生了革命性的变化。1928 年，日本的森本彦三郎发明以木屑和米糠为原料，在室内用玻璃瓶栽培金针菇的新方法，替代了旧有的用树材段木栽培的传统技艺。到了 60 年代，日本创立了机械化作业，空调房栽培的瓶栽生产工艺，从而开启了金针菇生产的现代工厂化模式。北斗株式会社的科研人员还选育出比原本黄颜色品种外观、口感更胜一筹的纯白金针菇品种，受到普遍欢迎。以后韩国和中国台湾也相继引进日本的生产模式，并根据自身条件加以改进，生产规模不断扩大，栽培技术日益成熟。90年代，我国大陆也开始了食用菌的工厂化建设，至此，金针菇的栽培又以全新的姿态回到它的发源地的怀抱。

如果你有机会去到一些大型工厂参观，就可以亲身领略最现代化的生产奇景。这里的金针菇是种在广口的塑料瓶里的，车间里一摞摞整齐装在篮筐里的空瓶，随着输送线，在各种高效率自动化机械装备作业下，先后完成装料、打孔、灭菌、冷却、接种等工序，送入到库房培养出菇。在这里，由统筹全局的微电脑安排作业指令，明察秋毫的光电眼负责过程监测，灵活翻转的机械手准确地堆卸工件，连绵不断的输送链完成产品的时空转移，整个过程头尾相连，一气呵成，准确、高效、安全、顺畅，作业区几乎很难看到操作人员的身影。

在培养蘑菇的库房里，可以看到一排排的立体床架上，层层放满了栽培菌菇的瓶筐。这里为菇宝宝们创造了最舒适的生长环境，所有温度、湿度、光照、氧气、风量变化全部根据需要采用了智能化控制，不管是寒冬腊月还是高温酷暑，不管是狂风暴雨还是连日干旱，都不会对菇菌的生长发育有丝毫影响。从培养料里吸足了养分的菇宝宝们，一到时机，便齐刷刷地现出芽蕾，撑起菌盖，伸展菌柄。一丛丛，一排排，个个花容玉貌，朵朵娇艳欲滴，整个培养区就是菌的世界，菇的海洋。

你丝毫不用担心工厂化产品的食用安全，这里所用的原材料全部采用有机的农林下脚料——米糠、麦麸、豆皮、木屑、玉米芯、甜菜渣等，而且产地要通过严格认证，供应要经过严格筛选，进厂还要经过严格的测试检验，以防各种对人体食用安全有害的物质混入。科学的配方保证了菌类生长所需要的各种营养，因此绝对不会添加任何化肥及生长激素。为了保证菌类在生长过程中不受病虫害的侵扰，工厂在设计建设时规定了严格的净化标准，并且采用高温高压蒸汽灭菌、高效空气过滤、水质过滤等先进的物理手段以及生物、生态防控技术来防止病原物的滋生。收获的产品还会立即采用专用的透气保鲜膜包装，然后全程通过冷链送到消费者手中。

真个是潇洒金菇工厂栽，如今换了人间。

森林里最常见的美味——平菇。

迷人的"蘑菇狩猎"

　　在欧洲的许多地区，采蘑菇可以说是大众参与度最广、兴趣度最高的一项户外活动。无论是法国、德国、瑞士、乌克兰，还是意大利的卡拉布里亚和罗马平原以及皮埃蒙特等林区，每当春末秋初蘑菇盛产的季节，爱好者们便会从四面八方蜂拥而来，无论城乡，无论远近，不分阶层，不分老少，乐此不疲。

　　欧洲人把采集蘑菇称作"蘑菇狩猎"，采蘑菇的人称作"蘑菇猎人"。"狩猎"行动前"猎人"们会准备好行装：换上长袖衣、长筒裤和适宜远足的防滑鞋子，扎紧裤腿。随身带一把锋利小刀和一只树条编织筐，新手们也许还会再揣上一本如何辨识蘑菇的图鉴。在偌大的林区要找到自己心仪的"猎物"并不容易，有经验的"猎手"们往往会根据植被、土壤分布情况，判定目标最有可能出没的地点。通常金黄色有着浓烈杏香的鸡油菌会出现在白桦树和花旗松林长满苔藓的潮湿地面上；肥厚壮硕的美味牛肝菌最有可能在密集的云杉林底下的酸性土壤区被发现；在针阔叶混交林中可以觅见鲜嫩可口的羊肚菌；而玫瑰红菇和多汁乳菇多半生长在山毛榉林中。发现要采的蘑菇，猎手们便掏出小刀，沿菇根底端切下子实体，然后小心地放入筐内。猎手们通常都会遵从一些不成文的规定：只采自己熟悉有把握的品种，以防误采毒菇发生意外；不采幼菇，以免浪费了资源，亦因太小难辨是否有毒；回填挖开的泥土，保护地下的菌丝体以利继续生长。采摘后，猎手们还会记下相关位置，因为下次还可以在同样地点采到蘑菇。欧洲的许多城市地区，有着许多大大小小的"蘑菇狩猎俱乐部"。这些组织可是采菇活动的重要推手，它们会在蘑菇大量生长的时段向会员发布采收资讯和"狩猎指南"，平时还通过出版刊物，举办讲座、实物展示等方式，普及科学知识，传授和交流如何识别食用、非食用和有毒蘑菇的技巧。俱乐部还经常安排专家带领"新猎手"实地练习，并对爱好者的"猎获物"进行鉴别把关。那些野生蘑菇的重要产区，每年还会举办"蘑菇节"，就像法国的葡萄酒节，或者德国巴伐利亚的啤酒节一样热闹。人们以不同的形式庆祝蘑菇丰收：满载而归的猎手互相交流，展示自己的"战利品"；厨艺高手施展绝技，端出各式美味的香菌菜肴来款待客人；商业组织大力推广当地的特产资源；旅游部门也会借此吸引来自国内外的观光客。

俄罗斯民族的蘑菇文化底蕴十分深厚。这里的人们从小对蘑菇耳濡目染。在他们的日常语言中，"蘑菇"

称作"俄罗斯舌头",夏季的太阳雨被称为"蘑菇雨",蘑菇这个词甚至是许多俄罗斯人的姓氏的词根。在许多俄国大文豪的作品中,更是有大段大段在森林中采蘑菇的浪漫描写。爱沙尼亚描述俄罗斯的热情时会说:"哪里长出一个蘑菇,哪里就会有一个俄罗斯人待在跟前。"在卡累利阿,也有一句比喻:"像俄罗斯人见了森林蘑菇一样大喊大叫。"

波兰有着八百多万公顷的森林覆盖面积,野生蘑菇的品位高、数量多。每逢金秋时节,会有大批的城市居民搭乘各种交通工具来到林区采蘑菇。许多机关和事业单位以及大公司也会组织员工来此活动,据说参加者人数之众,兴趣之浓甚至超过了周末舞会。波兰足球队在世界杯外围赛之前,也选择采蘑菇活动来消除队员的紧张情绪。甚至连波兰的警察和职业军人也会专门组织采蘑菇的出游活动。据说瓦文萨任总统访问英国时,伊丽莎白女王问他:"波兰人正在做什么有意思的事?"瓦文萨半开玩笑地说:"我们的人民正在森林里采蘑菇。"

不过作为"民族的业余爱好"而言,捷克人对采蘑菇的热情之高,可谓是举世无双了。一到蘑菇生长旺季,整个城市乡村几乎就是倾巢而出。到森林里去"拾菇",很多人为此废寝忘食,甚至到了迷失归途的疯狂程度。捷克的民谚说:"不采蘑菇者不是捷克人。"据统计 70% 以上的捷克人每年至少采一次蘑菇。2011 年捷克人采摘的以蘑菇为主的林果总量达到 46300 吨，按家庭计算，每户可以达到 11 公斤之多。

欧洲的民众为何如此酷爱蘑菇狩猎呢？有人解释说，因为当地人认为这漫山遍野的蘑菇是天赐之物，是大自然赠予的丰厚礼品，要好好利用，不能浪费。也有人认为，欧洲历史上曾有过无数的战乱纷争，那些家园被毁的民众往往被迫逃到野外避难求生，而森林里取之不尽的蘑菇便成了他们充饥果腹的最好食粮。可以说，蘑菇救了很多人的命，因此这些民族始终对蘑菇有着一份特殊的感情。蘑菇就像根植于广袤的森林一样，深深地根植在这里的社会习俗和文化传统中。

如果说采集蘑菇曾经只是人类谋求生存的一种生产手段，那么，随着社会进步和经济发展，它已逐步成为现代人休闲娱乐、亲近自然、提升生活质量的一种新的生活方式。作为一项时尚的大众化户外运动，它既不需要置办昂贵奢侈的运动装备，也不需要接受严格的体能检测训练，人们在从从容容的活动中就可以体验到无限乐趣：踏进茂密的森林，脚下踩着厚厚软软的松针落叶，耳畔响着叽叽啾啾的鸟鸣虫唱，呼吸着新鲜纯净的空气，感受着午后阳光的温暖。完全摆脱了繁杂的都市喧嚣和紧张的工作压力，身心愉悦，神经放松。采蘑菇的过程又相当于一次远足郊游或爬山，既强健了体魄，又磨炼了意志。并且采获目标的不确定性，也会激发人们的探知欲和进取心。当"众里寻她"不见，"蓦然回首"发现枝丛下赫然长着一枚大蘑菇时，那种激动、欣喜之情难以形容。活动结束时以一天的辛劳换来满筐的收获，那种成就感自然也是美美的。

　　毒鹅膏菌和红鹅膏菌，
一个巨毒，一个美味。
　　"一盘蘑菇改变了欧洲
的命运。"
　　　　　　——伏尔泰

恶魔导演的悲剧

在蕈菌中，固然有许多是可食的盘中美味，但还有一小部分是含有毒素的种类，一旦误食，轻则中毒伤身，重则导致死亡。全世界现已查明的毒菇大约有千余种，中国发现的毒菇为400余种，其中属剧毒能致死的近30种。其中有恶名昭著的"死亡帽"——毒鹅膏，有美丽的"灭绝天使"——白毒伞和"夺命天使"——鳞柄白毒伞，有欺骗性很强的"愚人网帽"——奥莱丝膜菌和"致命网帽"——细鳞丝膜菌，以及褐鳞小伞、毒粉褶伞等，它们可谓是"美丽毒药"和"温柔杀手"一族。

古往今来，毒蕈曾导演了无数人间的悲剧。翻阅中外的典籍史料，误采误食或人为造成的中毒事件可谓是代有发生、屡见不鲜，甚至与许多重要的人物、事件也有相关。在欧洲历史上，有许多显赫人物的死与误食毒菌有关。如罗马皇帝约维安、罗马教皇克莱门特七世等人。公元1740年，神圣罗马帝国皇帝查理六世在外出巡猎时吃了一盘有毒的蘑菇后死亡，由于他没有留下男性后嗣，于是便引发了欧洲两大阵营策动的长达 8 年的奥地利王位继承战争。法国思想家伏尔泰曾因此评论说："一盘蘑菇改变了欧洲的命运。"

在古代医案和稗史笔记资料中，还可以找到许多发生于中下层社会的毒蕈伤人记录，其中不乏社会影响较大的家庭式或群体性中毒死亡事件，读来让人触目惊心，唏嘘不已。这里不妨略举一二。

16 世纪欧洲最有成就的植物学家、中欧地区蕈菌学的开拓者克鲁修斯和波利特的著作里，就曾记载了一起一家四口蘑菇中毒事件。

1701 年 8 月 14 日，物理学家、华氏水银温度计的发明者华伦海特的父母，不小心误食毒蘑菇双双死于格但斯克。

1767 年，才华横溢的古典音乐作曲家和键盘演奏家约翰·修伯特和他的妻子、他们的一个孩子、一个女佣和四个熟人，吃毒蘑菇死于巴黎。

我国南宋周密的《癸辛杂识·蕈毒》中，转录了《夷坚志》里的一则记载，江西金溪县一位种田的农户，一家六口因误食毒蕈，呕血殒命，惨遭灭门。另外还记录了自己所见所闻的两件事。其一是感慈庵的僧人德明，游历山中获得一枚奇菌，回来制成汤羹让众人分享，结果有十几个僧人中毒死亡，其中有个叫平心的日本来华访问僧人因拒服解毒药也一并遇难。其二是临安的一户民家，夫妇二人和一个女儿误食毒菌皆倚壁抱柱，呕血而亡，桌上还留着一碗羹等待未归的儿子。

　　清代薛福成的《庸庵笔记》曾记录了道光年间发生的一起事件。苏州寒山寺内的一百四十余名僧众突然在一日内全体暴毙，官府接报后前往查验，从一个死里逃生的厨工嘴里了解到，这天恰逢寺内长老生日，因而特别安排素面以供诸僧食用。厨工见后园长出两朵紫色鲜艳的菌子，大如径尺，便采来作为面汤浇头。厨工先尝试味道，觉得鲜香味美，便将面分发诸人。自己却突然头晕倒地，不省人事。醒来才发现食面的一寺僧众俱已殒命。厨工因未及多食，才保住了性命。这或许是迄今为止在世界范围内群体性中毒规模最大、遇难人数最多的一起事件。

　　毒蘑菇之所以容易误食有两大原因：第一个原因是不少有毒蘑菇在外观上很容易与可食蘑菇混淆，例如橙黄鹅膏菌和橙盖鹅膏菌在外观上相差无几，毒性猛烈的春生鹅膏在菇蕾时期几乎很难与双孢菇、草菇相区分。第二个原因是很多毒蕈吃起来甚至比一般食用蘑菇更鲜美。人们往往在满足口腹之贪时，不知不觉就吞下了那些催魂夺命的烂肠毒药了。

　　毒蕈的这些特点也被历史上的一些野心家、阴谋者利用来作为他们夺权篡位、谋财害命的杀人工具。罗马帝国时代的几个皇帝，凯撒、喀劳狄一世、尼禄等都嗜好食菇。特别是一种橙盖鹅膏菌，颜色鲜艳、味道鲜美，是凯撒大帝的最爱，每逢宫廷宴会，都要用银制器皿盛出，以示珍贵。因而被人称为"凯撒蘑菇"。喀劳狄一世继承王位后，废黜并杀掉了背叛他的第三任妻子王后梅莎林。不过梅莎林为他生过一个王子，叫布里泰尼居斯，是法定的王位继承人。喀劳狄以后又娶了第四任妻子阿格丽品娜为后，阿格丽品娜和前夫生有一子，叫尼禄，她为了能让自己的亲生儿子能继承王位，雇佣了一位善使毒药的女性杀手洛库斯塔，在皇帝吃的一盘蘑菇里，偷偷掺入了毒鹅膏蕈，喀劳狄吃后不久便出现了剧烈腹痛、恶心呕吐、腹泻和大小便失禁的症状，同时还口角流涎、流鼻血并眼睛发红。仅仅半天便一命归天。尼禄顺利登上王位后还调侃说："蘑菇真是神仙的食物，先王吃了它便升天了。"

　　古代罗马宫廷施害的阴毒伎俩在近现代仍然有着衣钵传人。上世纪初，法国巴黎发生了一起利用生物制剂投毒的连环杀人案件，震动了社会。主犯名叫杰拉德，是一位外表风度翩翩的金融操作员。他熟稔保险业务流程，而且爱好生物学的研究。杰拉德伙同他的妻子、情人，专门选择一些与其年龄相仿的夫妇或单身女人为目标，假意与他们结交，摸清底细后便冒用对方身份向多家保险公司购买大额人寿保险，并把自己一方列为保险受益人。等到保险文件起效，杰拉德就邀请被害人参加美食欢宴，并在对方的食物中投下从毒鹅膏蕈里提取的天然毒剂。谋杀在吉拉德向对方一片虚情假意的祝福中悄无声息完成了。被害人毒发身亡后，吉拉德就以保险受益人的身份向保险公司领取赔付。他的阴谋开始连连得手，但后来终于引起了一家保险公司怀疑，案件侦破后，杰拉德入狱并被判处死刑。不过未等执行，他便用身边暗藏的毒菌自我了断。作案的同伙也受到了严厉的法律制裁。

著名的致幻菌——毒蝇鹅膏菌。

认知蕈毒施救治

毒蕈的种类很多，不同的毒蕈所含的毒素大多不同。一种毒蕈往往含有多种毒素，一种毒素又经常存在于多种菌类之中。其中有部分毒素毒性较强，它们经消化道吸收后会随血液进入机体的组织、器官中，由于各种毒素的毒害机理和作用部位不同，因此患者在临床表现上也各种各样。根据临床上对人体所造成的主要损害，蕈毒一般可分为六种类型。

急性肝损害型。引起中毒的主要是毒鹅膏、鳞柄白鹅膏、褐鳞环柄菇及秋盔孢伞等30余种毒菇。这些菇类含有毒肽及毒伞肽，肽类毒素是一种原浆毒，是到目前为止已知毒性最强的毒蕈毒素。这两种毒肽毒性稳定，耐高温干燥，一般烹饪不能破坏。毒肽作用于肝细胞内质网，作用快，但毒性低，可是误食过多，一至二小时内仍可致死。毒伞肽作用于肝细胞核，作用慢，即使大剂量在15小时内也不会致死，但其毒力则十倍、二十倍于毒肽。且毒伞肽易溶于水，因此往往喝汤者比不喝汤者中毒严重。白毒鹅膏伞中毒者临床可分为潜伏期、胃肠炎症期、假愈期、脏器损害期、精神症状期、恢复期。一般误食后潜伏期较长，中毒症状出现在食后 6—72 小时，以 24 小时内发病为多。开始表现为急性肠胃炎样症状，一般先有呕吐、继之腹痛腹泻。部分患者在第 2—4 天内会有暂时性的缓解，有些病员或家属以为可以结束治疗出院，结果因此耽误了救治。这是一种"假愈期"的迟发性中毒表象，实质为肝脏及其他内脏的损害开始。如果此时忽略治疗抢救的话，3—5 天内患者的病情会急转直下，发生恶化，出现严重肝、肾、脑、心、消化道、血液及神经系统的多脏器损害。临床表现为患者呕血、便血、血尿、黄疸、呼吸困难、四肢麻木，意识模糊，昏迷休克，致死率高达 95% 以上。2000 年 3 月 17 日，广州白云区发生一起误食毒蕈的中毒事件。9 名来自湖北省公安县的民工到天鹿湖公园游玩，误采了一种号称"死亡天使"的白毒伞炖菜吃，结果全部中毒，虽经医院大力抢救，但终因中毒太深，两个星期内先后有 8 名民工死亡。而唯一幸免于难的李某出院时已几乎不能行走，完全丧失了劳动能力，不久也死于肝肾衰竭。

　　急性肾衰竭型。这类毒菌有毒丝膜菌、细鳞丝膜菌、黄棕丝膜菌、尖顶丝膜菌以及赤脚鹅膏伞、异味鹅膏伞、拟卵盖鹅膏伞等。丝膜菌里主要含奥莱毒素，其危害的靶器官主要是肾脏。中毒潜伏期短则 3—5 天，长则可达 1—2 星期。发病后病人严重口渴、腹泻、呕吐，有癫痫样反应或神志不清。重者肾功能受损,存活者可转为慢性肾炎,致死率很高。2008 年,英国著名作家、畅销小说《马语者》的作者尼古拉斯·埃文斯和妻子以及妻兄、妻嫂因误食了一种细鳞丝膜菌,中毒入院救治,过程中由于肾功能受损严重,只能采用肾透析的方法维持。出院数年后这 4 名受害者分别接受了亲属们捐赠的肾体移植手术才重获新生。

神经精神型。主要有毒蝇鹅膏伞、豹斑毒鹅膏伞、裂丝盖伞、橘黄裸伞、花褶伞等 100 多种毒菌,其毒素类型较多,主要有毒蝇碱、蟾蜍毒、光盖伞素、裸伞素等。中毒症状除了胃肠反应外,主要表现为精神兴奋、精神错乱、精神抑制等症状,如意识障碍、幻视幻听、狂歌乱舞等,此类中毒者一般较少死亡,但少数严重者预后不良。

肠胃炎型。该类型在毒蕈中毒案例中占绝大多数,是极普遍的中毒类型。致毒种类主要有毒红菇、毛头乳菇、毒粉褶伞、臭黄菇等 100 余种,这些毒蕈含有各种引起人体肠胃道不适的物质。中毒后发作很快,一般十几分钟到 2 小时左右。患者主要表现为剧烈恶心、呕吐、腹痛腹泻,有的疲倦、昏厥,说胡话,一般病程较短,恢复较快,但中毒严重的也会引起死亡。法国著名真菌学家凯莱,有一次外出采集标本借宿在亲戚家中,好心的主人从林中采来许多蘑菇款待他,谁知凯莱吃了后又吐又泻，几乎丧命，原来是误食了毒粉褶菌。

溶血型。主要有鹿花菌、马鞍菌以及大青褶伞、秋盔孢伞、毒红菇等，鹿花菌中毒的原因是所含鹿花菌素具有强烈的溶血作用。误食后六小时至一两天内，即出现恶心、呕吐、寒战、发热、腹痛、瞳孔放大、烦躁不安等症状。患者体内的红细胞迅速被大量破坏，很快引起溶血性中毒症状，表现为黄疸、急性贫血、血红蛋白尿，并在短时间内出现尿闭、尿毒症，严重者抽风昏迷，并死于休克或衰竭。

光过敏皮炎型。此种类型毒菌主要有胶陀螺菌和叶状耳盘菌等。毒素中含有光过敏卟啉类物质，食后人体受日光照射，皮肤暴露部分会出现皮炎、红肿的症状，患者或四肢灼痛，或周身瘙痒，或嘴唇肿胀外翻。严重者皮肤出现颗粒状斑点，往往形成水肿和水泡。

横纹肌溶解型。亚西褶黑菇、变异油口蘑等中毒都会出现此类型症状。一般在进食 15 分钟至 2 小时发病，早期表现为恶心、呕吐、腹泻、腹痛等胃肠道症状，6 至 12 小时后出现严重的肌肉疼痛、肢体无力、横纹肌溶解等症状。血清肌酸激酶大幅度升高，伴发肌红蛋白尿，严重者可以导致脏器功能衰竭而死亡。2002年 3 月，浙江省宁波市发生一起严重的误食毒蕈中毒事件。一碗蘑菇汤竟将一户高知家庭的三位博士放倒，并造成二死一伤的严重后果，在社会上引起很大震动。这种毒蕈在浙江另外3个城市也出现过，并毒死了9人，报道称患者临床最大表现是严重的肌肉溶解，其对心肌危害最大，可导致急性心电紊乱，亦可影响呼吸肌，使呼吸肌收缩无力致呼吸骤停。经查这种毒菌与一种原本无毒的野生食用菌油口蘑十分相似，可能因为某种原因变异。

由于毒蕈的化学成分比较特殊复杂，目前尚无特效的解毒药。

万一发生误食毒蕈，应及时前往医院诊治。如交通不便一时无法赶去医院，也应立即因地制宜地开展自救。

正确诊断。毒蕈中毒的临床表现虽然各不相同，但发病时多有吐泻症状，需注意同肠胃炎和一般食物中毒相区别，尤其在夏秋之季，是一户或多户同时发病者，更应考虑毒蕈中毒的可能性。患者和送诊者应主动说明蘑菇的进食史，最好能提供吃剩的菌菇或新鲜菌菇，并说明来源、烹调方法和进食数量等，以便医师能迅速加以诊断，正确施治。

及时处理。一般可以先采用催吐、洗胃、导泻、灌肠等方式迅速排除未吸收的毒物。尤其对误食毒伞类的患者，尽管其发病较迟，但上述处理仍有重要意义。洗胃灌肠后，还可以导入活性炭等药物用以减少对毒素的吸收。

药物解毒。由于毒蕈的化学成分比较复杂，目前尚无特效的解毒药。可以采用阿托品皮下注射，必要时加大剂量或改为静脉注射。对毒伞类中毒，可考虑用硫基解毒药，也可以采用中药，如灵芝煎水浓缩后服用。

对症治疗。对各类中毒性肠胃炎，应积极补液，纠正脱水、酸中毒和电解质紊乱。对有肝损害者，应给予保肝支持治疗，可采用水飞蓟素中和由毒蕈素、鬼笔碱等毒性物质，阻止一些肝毒性物质穿透进入细胞内部。对有精神症状或惊厥者，应给予镇静或镇惊药物。对于病程进展较快、并有肝肾心脑等脏器损伤的重症患者，可以采用血液透析、血液灌流、血浆置换等血液净化技术。

致幻"魔菇"莫要食

童话《爱丽丝梦游仙境》里有这样一段奇特的描述：爱丽丝照着毛毛虫的说法，咬了一口魔法蘑菇的右半边，下巴立即撞到了脚面，再咬一口右半边，她的脖子高出了树梢，把树上的鸽子吓坏了。最后她交替吃着左右两边的蘑菇，才恢复了正常的身高。

虽然这只是一个梦境，但现实世界中确实有一类能够使人致幻的"魔菇"。归入这个阵营的品种还不少呢，单是裸盖伞属里就有一百多种，另外花褶伞属、斑褶伞属、锥盖伞属、丝盖伞属、裸伞属、鹅膏菌属里都有分布。这些致幻蘑菇大都含有色胺类化合物，食用后会出现神经兴奋、神经抑制、精神错乱及各种幻觉反应。

几千年前，很多古代的部落民族就发现了这类"魔菇"的神奇作用。生活在南美的古印第安人把它称为"神之肉"，认为是神或上帝的赐予的一种能"显灵的圣物"。巫师们常借助其与神灵"沟通"，传达"上天的意旨"。或在祭祀时把浸泡"神之肉"的圣酒供部落大众饮用，饮酒者往往会幻觉自己"灵魂出窍"进入另一个世界，置身各种变幻莫测、离奇古怪的场景，体验到极度的痛苦、快乐或经历死亡、转生。待他们清醒后便更加崇信"神肉"的无边法力。

在这类致幻菌类中，墨西哥裸盖伞和古巴裸盖伞可谓是名头最大的哥俩。据分析，这两种蘑菇中致幻的成分是裸盖菇素和裸盖菇生两种生物碱，人们食用后，最先会有面色潮红、心跳加速、血压上升、瞳孔放大、肢体震颤及轻微的运动失调等异常生理反应。大约半个小时后便开始出现极度兴奋或沮丧、恐惧等精神反应。或如痴如醉、欲生欲死，或莫名哭笑、狂歌乱舞。患者自觉感官机能在放大，如同超然于时空物我，体验到许多荒唐怪异的东西。有人看到时间凝固，有人感到物体变形，有人觉得空间错位。

误食大孢班褶伞会出现异常的彩色幻视反应，还有的误食者会发生"红视""蓝视"现象，眼前就像加了一副滤色镜，满视野的物体都罩上了一层红色或蓝色。

菌盖非常艳丽的毒蝇伞，其致幻成分是蟾蜍素，能引起人的中枢神经兴奋。古书记载，吃五枚就会让人严重中毒，肌肉痉挛、四肢抽搐、胡言乱语，还表现出"视物显大性"的幻觉症。把小老鼠看作大老虎，蓝精灵变成绿巨人，因而引发惊骇恐惧心理，或被激怒发狂，患者直到极度疲倦，才昏然入睡。

云南的小美牛肝菌和华丽牛肝菌如若没有煮透或

食用过多，也会发生中毒。误食者屡屡会产生"视物显小性"的幻觉症，使患者惊惧不已。重症者或不能自主控制其行为，或不言不语、不吃不喝，身体僵硬、形同蜡人。

还有一种角鳞灰伞，使误食者神志不清，狂躁谵妄，感觉忽冷忽热。

橘黄裸伞和半卵形斑褶菇（狗屎苔），被人称之为"笑菌"。误食后会手舞足蹈，狂笑不止。清代薛福成的《庸庵笔记》中记载了这样一件事：著名学者俞樾的邻居，一次食菌后觉得腹中不适，卧床后不由自主地发笑，继而又忍不住哈哈大笑。她对家人说：完了，我误吃了笑菌，这下死定了。起身复又仆地狂笑不止。这时幸得隔壁俞樾上门送药，见此情形便吩咐采薜荔煎汤服下，方得无恙。

20世纪50年代，科学家先后从这些有迷幻作用的毒蘑菇中分离出主要的致幻作用成分，并搞清了致幻机理。这些致幻物质是如何使人产生幻觉的呢？原来，在人的大脑和神经组织内存在着许多传递信息的物质——乙酰胆碱、去甲肾上腺素、5-羟色胺、多巴胺等，这些神经媒介像信使一样，忠诚地履行着传递信息的功能，担负着调节神经系统正常活动的使命，而致幻毒菌含有的生物碱，往往会干扰人体正常的神经功能，因而使人产生幻觉、幻视、幻听。

这些致幻蘑菇的作用类似于迷幻药 LSD。由于在一些国家和地区可以公开出售，于是许多瘾君子就将其作为新的毒品替代物，一些青少年也争相猎奇体验。"魔菇"一度在美国西海岸泛滥，以后又流传到澳大利亚、英国、法国、日本和中国台湾等地，成为一种危害社会的新型软性毒品。医界指出，迷幻蘑菇含有二甲羟色胺磷酸等毒素成分，人吃下后，交感神经和中枢神经系统会被扰乱，发生时间和空间错觉，出现妄想和思维分裂等症状。过量服食还容易引起急性肾衰竭和休克，心脏有问题的人服用后会导致昏厥或突然死亡。据统计，在服食的群体对象中，有很大比例的人员并未能体验到那种舒服畅快的奇妙感觉，相反却是经历了一次令人沮丧、惊惧、恐怖的"恶作之旅"，身心受到很大伤害。美国、丹麦、日本、英国、爱尔兰都先后宣布销售迷幻蘑菇为非法。连"魔法蘑菇"最为泛滥的荷兰，也因 2007 年发生一名入境的法国少女服食"神奇蘑菇"跳楼身亡的事件，最终促使当地政府下达了禁食令。目前，许多国家和地区的警方和缉毒机构也采取严格措施，控制和查处该类毒品的流入和泛滥。

麦角的是非功罪

它曾是祸害世间的恶魔，也是造福人类的功臣；它是医学研究的希望之星，却被邪恶者打开了潘多拉盒。谁也没有想到，一种小小的紫褐色菌子竟然会给我们的社会生活带来如此重大的影响。

从中世纪早期开始，欧洲大陆上曾很多次暴发过一种离奇而猛烈的疾病。患者身体抽搐，四肢像被烈火灼烧般的疼痛，眼前仿佛有魔鬼撒旦的身影晃动。大批孕妇流产，不断有人死亡。街上到处可以看到一些四肢不全的穷苦人，他们都是由于手脚坏疽而被截肢的。痛苦和恐惧随着疫情扩展不断升温蔓延，人们面对这种怪病束手无策。只有圣安东尼教会的信徒们在积极地救治病人，因此人们把这种病称为"圣安东尼之火"。这种可怕的流行疫病很长时间都没有找到致病原因。直到1676年，该病又一次大规模爆发的5年后，人们才注意到共用同一水源的不同人群，在发病率上有着明显差异。受害者多半是生活贫困的穷人，而富人阶层则患病很少。于是调查重点转向了两者的食物来源，很快发现富人们吃的是麦粉商提供的品质好的面粉，而那些品质差的混有一种深色麦角的麦粉则被卖给了穷人。罪魁祸首终于露头了，原来这场灾难的根源就是人们误食了这种混在面粉中的有毒麦角菌。

麦角是一种子囊菌。主要寄生在黑麦、小麦、大麦等一些谷类和野草上。麦子开花时，麦角的孢子会沿着穗花雌蕊的柱头侵入子房，并在里面发芽长成白色、棉絮状的菌丝体，占领子房的所有空间。当麦子快成熟时，子房内的菌丝体会缩成一团，变成深色坚硬的休眠器官——菌核。这种呈纺锤形的菌核，有着弯弯的角状两端，所以人们叫它"麦角"。麦角含有强烈的毒素，人吃了混入麦角的面粉和食物后，便会引起中毒。麦角中毒可分为两类，即坏疽性麦角中毒和痉挛性麦角中毒。坏疽性中毒的症状包括"猛烈的燃烧一般的剧烈疼痛"，肢端发生感染肿胀，四肢因供血受阻而出现发黑溃烂等坏疽症状，严重的可导致断肢。痉挛性中毒的症状是神经失调，主要包括麻木、抽搐、运动失协、呼吸困难、脉搏加快、流涎、呕吐、失明、瘫痪和痉挛等症状，有的还会因感觉神经紊乱而出现幻觉。家畜吃了感染麦角菌的禾本科牧草，也会中毒。所以麦角病在很长一段时间是横行欧洲的大害，被称为中世纪的恶魔。

麦角病还曾引发过历史上一起骇人听闻的"女巫案"。1692 年 1 月，美国马萨诸塞一个叫塞勒姆的小镇上，有两位少女突然举止怪异。她们放肆尖叫，倒地抽搐，精神恍惚，嘴里说着人们听不懂的话语。随后与她们形影不离的另几个女孩也相继出现了同样症状。镇上的医生检查后认为这是受了女巫的蛊惑。威吓之下，女孩们指认是镇上的3个女人对她们施行了巫术。这3人立即遭到逮捕和严厉审问。接下来的几个星期，那些类似的奇怪症状仍然在镇上蔓延，于是搜寻女巫的目标范围便不断扩大。一些被捕"人犯"在逼供下胡乱攀咬，加上其他一些镇民并无实据的检举揭发，越来越多的人被牵连进来，甚至包括一些有身份的或对此持反对意见的人士。当地设立的特别法庭，专事对"女巫犯"的提告审判。先后有20人被送上绞架或被石头砸死，还有200多人被关押。直到1693年5月，在强大社会舆论的指责下，马萨诸塞州的州长出面干预，下令赦免所有在押的巫术嫌疑犯并终止所有的审判，这场悲剧才告收场，但是后果已无可挽回。那么，引发女巫案的真正原因究竟是什么呢？经过坚持不懈的研究探查，1976年，林达·卡波雷尔在《科学》杂志上发文指出，事件的发生其实是人们误食了被麦角菌污染的粮食所致，所有人员发生的抽搐、呕吐，以及幻觉等症状都与麦角中毒吻合。而且塞勒姆地处沼泽湿地，有着非常适合麦角菌衍生的环境。1992年马萨诸塞州议会通过决议，宣布为300年前塞勒姆审巫风潮中的所有受害者恢复名誉。

　　查清了致病的元凶，自然就有了对付的方法。后来人们改进了粮食收获和加工环节，杜绝了麦角混入面粉的可能性。更为可喜的是，科技人员在弄清它的生物特性、毒性成分和作用机理的基础上，还开展了科学利用麦角、变害为宝的开发研究，并取得了一系列重要成果。从麦角中提取出的麦角新碱成分，在催生分娩、产后止血、子宫恢复等方面有着非常好的效果。它的临床施用，帮助医生将无数发生产后大出血的妇女从生死线上挽救过来，并使西方许多国家的孕产妇死亡率在 20 世纪前期出现了大幅下降。该药后来被列入世界卫生组织基本药物标准清单，成为卫生系统最重要的药物之一。利用麦角制取的另一款药物是麦角胺，它被医生用来治疗难缠的偏头痛，效果也非常明显。近年来，又出现了麦角碱类的第三代新药尼麦角林，其药用重点主要是改善脑中风后患者的认知功能和躯体症状。除了直接的药用之外，人们还从麦角成分中分离出了许多对人体健康有着重要影响的生理活性物质。其中最有影响的是麦角甾醇和麦角硫因。前者是维生素 D_2 的前体物质，对于人体的钙、磷吸收，骨骼形成有着重要作用，并且还可以作为甾族激素药物的重要原料。后者是一种天然抗氧化剂，可以延缓人体的细胞衰老。在器官移植、细胞保存、医药、食品饮料、功能食品、动物饲料、化妆品及生物技术等领域具有广泛的用途和市场前景。"弃恶从良"的麦角对人类的贡献还不小呢。

故事到此并没有结束，因为麦角还与现代生物化学发展史上一场搅动风云的重头大戏有着直接关系。1938年瑞士化学家艾伯特·霍夫曼博士，在巴塞尔的山德士实验室进行一个有关麦角碱类复合物的大型研究计划时，随机地把麦角酸和某种化学溶液混合在一起，结果发生了神奇的反应，一种完全不同的物质被合成了出来。它无色、无嗅、无味，就像清澈的纯水，这就是麦角酸二乙酰胺，德文缩写"LSD"。不过当时它并没有引起霍夫曼的注意。5年后，又是一个偶然的机会，霍夫曼博士发现并亲身体验到了LSD具有的强烈致幻作用。它的效果是如此惊人，只要微克级的剂量就足以把人送入那种"魂离躯壳，欲生欲死"的境地。

认识到LSD用于治疗的可能性后，1947年，山德士制药公司开始生产并出售LSD药片，作为酒瘾戒断和研究精神分裂症的工具药物，其中部分产品还是以免费方式提供给一些科学医疗单位试验用的。一些精神病学家用它来感受体验某些精神病发作症状，以研究人脑的病变过程；一些心理学家试图将它作为辅助药物来增强心理治疗的效果……应该说，当时国际上神经科学研究还处于摇篮时期，这些实验与真正意义上的医学药用还有很大距离，不过还是获得了许多非常正面的结果。甚至有报道说，LSD对缓解晚期癌症病人临终痛苦方面有着非常出色的表现。

　　不过往往事与愿违。当LSD的强烈致幻作用被更大范围的知晓后，很多人便生出了各种别样的企图。首先是美国中央情报局插手进来，试图将其开发成"冷战"的神经武器和思维控制药物。他们利用LSD进行各种"古怪"的人体实验，许多内部工作人员也在毫不知情的情况下被"下了药"；中情局还授意美国本土的一家药厂研究出大量生产高纯度LSD的合成方法，以保证大规模研究的需要。另外，一些行为不端的学者也把自己打扮成"精神导师"，向青年学生灌输LSD是"解放思想"的工具。社会上一些别有企图的人甚至利用各种机会向公众免费发放LSD，让越来越多的人体验与"现实脱离"的滋味。在利益的驱使下，甚至出现了许多自行制贩LSD的民间高手，他们的产品甚至在质量、外观上都超过了山德士。20世纪60年代，在各种力量和思潮的推波助澜下，LSD变身为美国反文化潮流和嬉皮士运动的重要组成部分。许多音乐家、诗人、画家自称从中找到了灵感。披头士乐队的灵魂人物约翰·列侬遇害时年仅40岁，但据说已使用了上千次的LSD。电影明星加利·格兰特和不少摇滚音乐家也鼓吹LSD让他们发现了真正的自我，获得了精神的愉悦。这股社会潮流还跨越国界，影响到欧洲等许多地区的青少年。

事实证明 LSD 的滥用给整个社会和家庭个人都带来了巨大的负面影响。有人服用 LSD 后开始杀人取乐，还有人在迷幻状态下跳楼自杀，而那些服用过量的使用者则遭遇精神崩溃，精神受到永久性损害，LSD 因此招致"疯子药""邪恶的发明"等恶名。1966 年，美国政府将 LSD 定为非法药物，从此这一药物在全世界范围内遭到全面禁用。

霍夫曼本人一直认为 LSD 是危险的，随便推销这种药物是一种"犯罪"行为。他多次指出，应该像控制吗啡的使用那样控制 LSD 的使用。1979 年霍夫曼出版了《LSD：我的问题孩子》一书，他在书中写道："错用和滥用导致 LSD 成了我的问题孩子。""LSD 迄今为止的历史已经足以证明如果对其效用进行错误的判断，如果把它当作一种快乐仙丹，就会导致灾难性的后果。"2006 年 1 月 11 日，精神矍铄的霍夫曼在家中迎来了他的 100 岁生日。当世界媒体纷纷涌向他所居住的伯格市采访这位"LSD 之父"时，霍夫曼表示，他始终坚信这种药物能对精神病的治疗发挥作用。而他的百岁生日愿望就是：希望能够解除对 LSD 的禁令，使之重新能够用于医学研究。2016 年一则重要的消息传来：英国研究人员经过特殊批准，重启了对 LSD 中断半个世纪的医学研究。他们利用最新的大脑成像技术对服用 LSD 的志愿者进行脑部扫描，从而揭示了致幻剂作用于人脑神经元产生幻觉的成因。英国政府前药物顾问、帝国理工大学神经精神药理学教授戴维·纳特对此评价说"这项研究成果对于神经科学的意义等同于希格斯玻色子对于粒子物理学的意义"。

　　科学的昌盛进步把"恶魔"变成了"天使"，社会的畸形运作却把"灵丹"化作了"毒丸"，麦角的是非功罪究竟该如何评说？或许还是爱因斯坦的一段话有助于我们的认识："科学是一种强有力的工具，怎样用它，究竟是给人类带来幸福还是给人类带来灾难，全取决于人自己，而不取决于工具。"

蕈菌的工业利用

蕈菌除了食药用外，还可以有许多其他经济用途。尤其在现代生物技术高度发展的今天，更多蕈菌工业利用的新领域正在被认识和开发出来。

从菇菌中获取天然橡胶，恐怕许多人会想象不到，不过这倒是非常真实的事情。科学家们发现，在许多乳菇属、红菇属菌类品种的子实体内，都含有一种叫聚异戊二烯的物质，而这种物质正是提炼橡胶的重要原料。在蕈菌王国内，这个"产胶部落"的成员大概有270个，其中一些成员的产胶水平还很高呢。例如亚锐乳菇所含的橡胶物质成分，其比例可以达到子实体干重的6.97%；稀褶乳菇的含量比例能达到5.05%；雪白脆红菇能达到4.71%。我们知道，橡胶是一种重要的工业生产原料，以前几乎全部是从自然界天然橡胶树的汁液中提取的。可是橡胶树对生长地区的环境要求很高，其种植范围十分狭窄，加上一棵橡胶树需要达到十年树龄才能割胶，生产量很难满足社会经济发展的需求，因此人们迫切希望能够找到新的产胶资源。据测定，在多汁乳菇流出的乳汁中，含胶量可以达到

88.1%，而天然橡胶树流出乳汁中的含胶量只有30%—45%。更有优势的是，乳菇等菌类一年可以生长几次，其生长速度要比种植橡胶树快了500倍。另外，由于菇类菌丝体内也含有橡胶成分，因此还可以采用液体发酵的工业化生产方式来大量繁殖菌丝体，从中提取橡胶。大型真菌作为新的天然橡胶资源有着非常好的发展前景。目前科技人员们正在想方设法将研究成果转变为实际生产应用，有的通过扩大筛选和人工诱变技术，找到了更加高效的产胶菌株；有的正在试验将乳菇中的产胶基因移植到其他扩增速度更快、生产效率更高的菌类体内等。相信不久的将来，利用真菌生产橡胶将从可能变为现实。

五颜六色的蕈菌还是受人欢迎的天然染色剂。随着社会进步和科技发展，人们发现许多化学合成色素对人体有致癌或其他健康危害，并且对环境生态也带来很大影响，因此不少国家已明令禁止或严格限量使用。而原本来自植物、动物、菌物的天然色素因为较少毒副作用和环境危害而再度获得人们的追捧。对大型真菌色素的研究、开发、利用也成为国际广泛关注的新热点。许多从大型真菌中提取的色素不仅安全可靠，而且还具有一定的营养、保健作用，因此被许多国家批准用于与人体健康直接相关的食品、药品和化妆品的着色添加。我国从云南地区高寒地带箭竹上的竹黄菌中提取的竹红菌素色泽鲜红，不仅染色力强，而且固色性好，在食、医、药用方面有着很好的应用前景。在其他工业方面，真菌天然染料在毛、丝、绵、麻等纺织物上的应用也同样大放异彩。目前已发现几百种具有染色功能的蕈菌，其中丝膜菌、牛肝菌、裸伞、齿菌、肉齿菌以及马勃等种属更为突出。如用血红丝膜菌和半血红丝膜菌可以染出鲜艳的红色、橙色和棕色；泌乳菇会使织物呈现美丽的肉桂粉红；牛肝菌的一些品种会诠释出浅黄、米黄、深黄、橙黄等不同色调。染色时，人们常会加入某些金属盐作为媒染剂，以增加被染织物的色彩光亮度和着色牢固度。同样用明矾作媒染剂，在酸性条件下，黑毛桩菇会贡献出深沉的绿色，掌状革菌带来的却是明快的蓝色，而在碱性条件下，彩孔菌展现的是令人惊艳的紫罗兰色。不过最耀眼的染色明星还是松杉暗孔菌，它能在不同媒染剂的作用下，分别赋予织物金、橙、红锈或者橄榄绿的色彩。既有自然、原始、粗犷的美感，又有丰富、强烈、饱满的质感，所以被人称誉为"染坊蘑菇"。

　　高档生物基纤维材料也是当前生物技术产业发展的重头戏，而蕈菌同样在其中扮演着重要角色。构成真菌细胞壁的主要物质是一种叫几丁质的成分，又称甲壳素。除了真菌外，它们还存在于虾、蟹等海洋生物以及昆虫的甲壳中。科学家告诉我们，甲壳素是自

然界合成量仅次于纤维素的第二大生物资源，能用它
提炼出壳聚糖，并进一步加工出高性能的壳聚糖纤维。
在航天、军事、医卫、环保、日化、服装等领域有着
广泛用途。壳聚糖纤维制成的高档内衣，有着出众的
抑菌防霉、排汗透气、除臭吸湿以及抗静电、抗辐射
功能，非常适合航天、军事、核工业等方面的特殊用途。
我国航天员在执行遨游太空任务时的着装就选用了该
种衣料织物。壳聚糖纤维在医用方面的突出表现也令
人瞩目，它可以用来制作手术缝合线、止血棉、医用
敷料、人造皮肤、人造血管、人工透析膜、骨缺损填
充材料等。封闭手术创口的壳聚糖医用缝合线，能消
炎止痛，促进愈合，最后被人体降解吸收。2003 年，
美军攻打伊拉克的时候，所有士兵的急救包里都配发
有一块特殊的急救布。受到外伤后，只要把这块布在
伤口上一敷，即可在很短时间内止住流血。这是一块
什么布呢？各国科学家和军事家都千方百计去打听，
美军却作为机密守口如瓶。直到战争结束，这个秘密
才被人探知，原来这是一块用高浓度壳聚糖溶液浸泡
过的布——抑血绷带。

粮食危机的应对

　　20 世纪以来，世界人口的爆发性增长敲响了粮食危机的警钟。2015 年联合国经济和社会事务部发布《世界人口展望》报告指出，世界总人口目前已达 73 亿，这一数字将在 2050 年升至 97 亿。而联合国粮食及农业组织则报告认为：面对人口增长，农业产量需要增加 50%，各个国家应对其粮食种植和分配方式进行"重大改革"，否则未来十年将有超过 6 亿人处于营养不良的状态，并且在 2050 年面临全球性的粮食饥荒。

　　尽管把 50% 的增加目标拆分成每年 1.2% 的平均增长率并不算高。但是要面临的问题却十分严峻。全球范围的天气条件改变、耕地面积减少、淡水资源短缺、生态环境污染，以及现代化农业方式带来的耕地退化、土壤板结、病虫害加重以及投资成本增加、产品质量下降等负面影响，致使农业和社会的可持续发展处于尴尬的境地。面对危及人类生存底线的粮食安全问题，世界各国政府和农业部门都高度重视，积极地研究对策和采取措施。与此同时，越来越多的科学、产业界的人士也纷纷加入进来，献计献策，探求解决的方案。

　　有的倡议开展第二次农业"绿色革命"，运用国际力量，为发展中国家培育既高产又富含维生素、矿物质的作物新品种；有的提出建设"蓝色农业"，开发海洋牧场、扩大水产资源的利用；也有的建议利用生物技术生产单细胞蛋白饲料，以缓解粮食供应的紧张局面等。不过这些方案在付诸实施的过程中，也还存在着不同程度的困难。相比较而言，一些长期从事菌物研究的专家倒是提出了一个更为简单但是积极可行的办法，那就是利用废弃资源，开展菇类生产。

　　这些专家们应用大量事实指出，全世界目前农田和森林出产的资源有 70% 以上未被利用或在加工过程中浪费了。例如：人们从种植的剑麻中获取纤维，其实只有 2% 的生物量被利用，其他 98% 均被作为废渣丢弃了；从棕榈和椰子中提取油脂，也只利用了生物量的 5%，其他 95% 被浪费；对甘蔗来说，生产蔗糖只利用了 17% 的成分，其他 83% 的生物量是被废弃的甘蔗渣；森林伐木主要是用来获取纤维素，其中落叶树的生物量利用只有 30%，而针叶树仅为 20%。更令人痛心的是全世界各地每年有上百亿吨的刨花、锯屑、酒糟、咖啡渣、棉籽壳、纺织废棉以及谷物秸秆等废弃物被采用直接焚烧、随意掩埋和无计划倾倒等方式处理，严重污染了环境、破坏了生态。"而丢掉这些东西的人，正缺乏营养品吃。"一些有识人士说得好："现在我们不应该期待地球生产出更多的东西，而应寄希望于更好地利用现有的资源。"

菇类能直接利用各种农林废弃料中的木质纤维素，并通过生物合成作用，转化成人类可食用的优质蛋白资源。英国伯明翰阿斯顿大学的海姆博士曾在国际蘑菇会议上大声呼吁：用废料培养菇类，将具有巨大潜力，如果在这方面做出努力，将可以使食物匮缺的世界缓和饥荒。国际著名的食用菌专家，香港中文大学教授张树庭先生更是利用国际讲学报告的机会，在各种场合积极宣传这一主张。从而引起了许多政府高层人士的高度关注以及相关业界的积极响应。

利用废弃资源生产食用菌类，缓解粮食供应短缺究竟有何意义呢？不妨让我们算几笔账。

第一笔账：我国每年约有 40 亿吨农林废弃物，如果利用其中的 5% 来生产食用菌，按平均 70% 的生物转化率，至少可以收获 1.4 亿吨的鲜品食用菌。也就是说，全国人民平均每人每天可以吃到 277 克的鲜菇。这可以在很大程度上，减少我们对主粮的依赖。因此不少人认为，在解决全球粮食危机的努力中，"菇类将成为未来世界取之不尽的，有营养价值的可口产品来源"。

第二笔账：如果把 1.4 亿吨的食用菌鲜品换算成 1350 万吨的食用菌干品，按所含 35% 蛋白质计算，等于提供了 470 万吨的优质菌物蛋白。这个数字其相当于 2362 万吨牛瘦肉（蛋白质含量 20%）或 2700 万吨猪瘦肉（蛋白质含量 16%）的贡献率，这几乎是我们 2016 年全国牛肉生产量的 3 倍，或全国猪肉生产量的一半。

第三笔账：若用一公顷的土地来养牛，生产的牛肉，约可以得到 80 公斤的蛋白质；但若用一公顷土地进行人工栽培蘑菇，则可以得到 80000 公斤的蛋白质。也就是说，两种生产的土地贡献率相差 1000 倍。具体到如上述 470 万吨蛋白质的产出供应，若以工厂化方式生产食用菌，所需场地仅相当于上海金山区一个区的面积；而用草场放牧方式发展养牛，则要圈掉差不多 3 个河北省的土地面积。另外，食用菌生产的用水量也很少，仅为水稻用水量的 4‰—7‰，小麦用水量的 5‰—9‰。这对于解决我国农业人均可耕面积少，淡水资源匮乏的瓶颈制约有着多么重要的意义。

还可以继续算第四、第五笔账，例如养一头猪需要消耗 300 公斤的饲料粮，养一头肥育牛需要消耗 2300 公斤饲料粮，而栽培食用菌却不存在与人争粮的问题；又如农林废弃物作为食用菌培养料，使用分解后是很好的农业肥料，用来还田，既可以促进作物的增产，又解决了令人头痛的环境污染。如此循环……这些道理很容易明白，在此就不一一细述了。

现代营养学家认为，凡能维持生命正常活动的各种食物，都在粮食之列。从现代社会人类健康的角度来考虑，菇类是我们获取全面营养的重要食材组成部分。事实上，在菇类消费量较高的地方，那里的人健康状况也得到不同程度的改善。

人们对菇类认识的深入，正深刻地影响着菇类的生产，近30年来，世界食用菌的生产量出现了高速的递增发展，并且在发展中国家表现得尤为突出。1978年我国食用菌产量仅6万吨，产值不足1亿元，到2014年，全国食用菌产量已超过3000万吨，总产值近2000亿元。印度的食用菌产业也在以每年25%左右的速度递增。波兰更是连续超越英、法、荷兰等发达国家，成为欧洲双孢菇最大的生产国和出口国。发展中的许多非洲国家也派出大批技术人员来我国学习栽培经验，为缓解本地区的食物供给压力，增加蛋白质来源做出了重要贡献。

菇类曾经是人类食粮的一部分，现在正以新的姿态回归人类膳食架构的重要位置。有科学家预言，在21世纪,菌物类食品将和动物类食品、植物类食品一样，重新成为人类的主干食品。

雨林真菌制柴油

随着全世界能源短缺矛盾的日益加深，开发新的可再生能源成为经济发展的必然趋势。其中生物燃料以其资源的可持续性、环境友好以及类似于石化柴油的动力和燃烧特性最受大众热捧。目前人们已经生产出了"第一代的生物燃料"，就是从玉米、大豆、菜籽、蓖麻、油棕等作物中制取乙醇和生物柴油。不过获取这些原料的代价很高，不仅需要占用大量的耕地面积和水肥资源，而且会影响到粮油的消费供应和其他经济需求。于是人们想到是否能够利用秸秆、树枝等大量的农林废弃物和工业下脚料来开发更加经济环保的"第二代生物燃料"，而在各种制取方案的比较中，取用方便、成本低廉，反应平和的生物转化技术特别是真菌分解处理技术最受人们期许。

木材、秸秆等农林废弃物，主要由纤维素、半纤维素和木质素三种成分组成。纤维素和半纤维素分解能得到葡萄糖和木糖，然后再经发酵处理可以转化成燃料乙醇。木质素是由三种单体聚合而成的天然高分子，这三种单体含有 9 个碳原子，非常适合作为汽油替代品。不过木质素可是根难啃的硬骨头,它的化学结构非常牢固,很难被分解破坏。植物组织中的纤维素、半纤维素虽然容易降解,但因为有木质素的粘结包裹,所以使得农林废弃物的利用也变得困难重重。于是人们想到了真菌——这些自然界的分解艺术大师,希望能借助它们的帮助来解决原材料预处理的工艺难点。

在燃料乙醇生产方面,科技工作者从白腐菌中找到了一些选择性好、降解能力强的品种,如虫拟蜡菌、糙皮侧耳、杂色云芝、乳白耙菌等。在对原料进行处理中,这类白腐菌会直接攻击木质素,将纤维素、半纤维素从木质素的包裹中解放出来,并得以疏松膨化,为后期酶解糖化反应提供方便,从而大大增加了生物乙醇的制取收得率。为了简化工艺,提高效率,日本科学家还通过实验发现,担子菌中的金针菇既能在前期降解木质纤维素,又能在后期高效率地把葡萄糖、蔗糖、麦芽糖及多种纤维糖转化为乙醇,理论收得率甚至可以达到88%,从而提供了一种直接转化制取燃料乙醇的新方法。

在制取生物柴油方面,真菌同样可以发挥重大作用。美国博兹曼蒙大拿大学的微生物学家加里·斯特罗贝尔博士,在南美洲巴塔哥尼亚的雨林中,发现了一种粉红粘帚菌,可以把植物的废料转化成燃烧值很高的柴油气。这种长在心叶船形果木树干上的粘帚菌,有着一种奇特的生存方式，它会挥发一些气体，使得附近的其他真菌无法存活，因而保证自己独享植物枝干的"美食"。斯特罗贝尔原想弄清楚粘帚菌所释放的这些"抗生素"气体究竟为何种成分，不料却意外发现这竟然是一种高含量的碳氢化合物及其衍生品的混合，其中至少有8种化合物与汽车柴油中的成分相同，包括燃烧值很高的辛烷。博士和他的团队组织开展了大量的实验室试验，收集这种燃料并一直用于他的摩托车行驶。与现有国际上发展的植物燃料工厂生产的生物乙醇相比，粉红粘帚菌发酵产生的这种气体燃烧效果更好。更令人振奋的是，粉红粘帚菌直接就能把森林中的枯枝残叶或农业废弃料分解转化为有用的"生物柴油"，使现有生产过程中的许多复杂工艺环节得以简省，这可是以往生物能源科学家梦寐以求想要解决的难题。斯特罗贝尔博士经过进一步深入研究还发现，粉红粘帚霉独特的基因，能分泌出将纤维素分解成柴油气的酶。如果能把这种基因嫁接到其他菌物的体内，获得具备高效产油能力的菌种，就有可能扩大生物燃料工厂的生产规模。

另外有消息说，西班牙研究人员利用一种卷枝毛霉菌发酵生产出来的生物柴油产品，技术指标已达到美国和欧盟的标准。这种产自真菌的绿色能源前景将无可限量，它对世界经济的影响将是巨大的。

奇妙的菌丝材料

随着化石原料的日益枯竭以及人们对生态环保问题的日趋关注，当今世界正孕育着一场用生物资源代替化石资源的大变革。各种"低碳、绿色、能再生、可循环"的生物基新材料纷纷登场亮相，一显身手，其中有一种菌丝复合材料尤为引人注目。

这种菌丝材料最初是由美国的两位在校大学生拜耳和麦金泰尔创意出来的。他们在自己的宿舍里培育菌丝体，后来突发奇想觉得可以把它做成柔软的衬垫材料，来替代电器包装用的泡沫塑料。于是两人便注册成立了一家 Evocative 公司，来实现自己在生态方面的创新梦想。他们选择采用各种农林废弃物，将一定比例的稻壳、荞麦壳与棉籽壳作为基材，采用高温蒸汽灭除杂菌。然后接入平菇菌种，装进塑料模具放在金属层架上培养。蘑菇菌丝从基材中吸取营养，并沿着周边的空隙不断向四面八方生长扩展，如同一种活体的黏合剂，将松散的基材颗粒聚合成一个致密的整体。四五天后将其脱模取出，采用高温烘烤方法使材料中的菌丝停止生长并固化定型。这种轻软、坚韧、弹性好而强度高的生物材料，既方便采用各式模具生产不同形状的产品，又可通过调整基材配方来改变功能特性。例如，多加废棉碎屑可增加隔热性能，多加稻壳可增强防火性能。调整固化温度和压力，能使产品更加坚硬。制作菌丝材料的原料来源很广，各种含有木质素、纤维素的材料，包括锯屑、纸浆甚至龙虾壳等废弃材料都可以作为基材选用。而最吸引人眼球的是，这种菌丝材料比现有的木塑复合材料更加绿色环保，完全不含醛类等化学添加，完成使用后，只要将它们破碎扔到室外野地，大约90天，就可以在水分和土壤微生物的作用下完成降解，成为花草植物的肥料。这对于许多即用即弃的产品而言，无疑是一个巨大的卖点。

这种菌丝材料很快受到了市场关注。著名的戴尔公司、3M公司以及斯蒂尔凯斯办公家具公司等一些大企业的产品包装，纷纷改用这种菌丝衬垫替代原有的泡沫塑料。Ecovative的业务迅速扩大，只得增设两个工厂来满足供应需求。不过创业者们并没有停息，他们不断地尝试拓展新的领域，很快又陆续生产出健身器具、家具板材、内饰墙砖、婚纱礼服、菌丝软巾等一系列产品，并与医用单位和汽车制造公司合作，进行人造骨骼、汽车挡板、保险杠以及绝缘隔热材料等方面的开发试验。2014年11初，美国国家航空航天局

（NASA）试飞了首架生物无人机，机体制作也采用了菌丝体的复合材料。制造者先用 3D 技术打印出外壳模具，让菌丝体在里面发育长成机身形状，外面覆盖上一层用特殊细菌制成的黏性纤维素蒙皮，再涂上黄蜂唾液克隆物的防水剂，飞机上的所有电路是用银纳米粒子墨水在纤维素材料上印制而成的。这种生物无人机非常适宜执行特殊任务，一旦在敏感区域发生意外坠毁，就会根据预设信号自动降解。等到发现它的踪迹时，找到的只是一坨黏糊糊的东西，从而无法探究其机密。

菌丝复合材料的应用在建筑行业也大放异彩。2014 年美国 P.S.1 青年建筑师设计大赛上，一座命名为 Hy-Fi 的塔型建筑物最终摘得了头奖。人们在欣赏它别有神韵的奇特造型之余，还惊讶地注意到构成这座四层楼高的圆塔建筑，居然是用一万多块用玉米秸秆和蘑菇菌丝体组合成的生物砖搭建而成的。这种生物砖每块重量只有 200 克左右，要比传统的砖轻很多，可是却异常结实，即使接受几十个壮汉的猛烈冲撞，也不会倒塌毁坏。而且从建筑结构学的角度来看，自重轻的建筑材料用在高层建筑中会更加安全。2005 年，美国东海岸受到"卡特里娜"飓风的袭击，路易斯安那州新奥尔良的标志性建筑"超级穹顶"体育馆以及纪念医疗中心都在飓风中严重受损，而作为紧急救援物资送往受灾地区搭建临时用房的生物砖，却在接下来的飓风袭击中，经受住了严峻的考验。当然，这种生物砖同样容易降解。当旧建筑被废弃后，只要添加一些促使分解的生物材料，就能很快将其还原成一堆适宜庄稼生长的耕地肥料。

　　菌丝材料的成功应用引发了建筑设计师们更加大胆的设想——在计算机的帮助下，让建筑物自己长成人们需要的样子。他们认为新型建筑不用再一块砖一块砖的砌起来，只要在大型的模具腔内装满玉米秸秆之类的基质材料，并接入蘑菇菌种。萌发的菌丝体会像珊瑚一样，按照设计长成人们需要的房型样子。这个奇妙构想很快被付诸实践，Ecovative 公司利用外壳模具，以蘑菇菌丝和农业废弃料为建材，"长"成了一栋小型的生物住宅样板房。虽然只是一个实验雏形，但已充分显示出蘑菇小屋建造的快捷便利、经济实惠和安全环保，建筑材料实现了 100% 的有机化。整个过程几乎没有浪费，没有能量需求，也没有碳排放，而且还能实现就地取材的新定义，从而开辟了一条未来房屋建筑的全新变革路径！

生态修复显奇能

生物修复技术是 20 世纪 80 年代以来出现和发展的清除和治理环境污染的生物工程技术,其主要利用动物、植物和菌物所特有的分解有毒有害物质的能力,去除环境中的污染物,达到整治环境、保护生态的目的。在生物修复技术中,真菌修复更是异军突起。近年来,人们不断研究出蕈菌的神奇之处,特别是在环境修复和生态复育方面有着巨大的潜力。

清除油污染。蘑菇在生长发育时会分泌多种酶,分解由碳和氢组成的木材纤维,将其作为自己的营养源。因为石油与木材纤维的分子结构很相似,所以一些菇类就会不分彼此照单全收,使出浑身解数将石油大分子拆解成自己的"口粮"。研究发现森林里的一些菌根菌,如松塔牛肝菌、毛边滑锈伞、劣味乳菇、铆钉菇、双色蜡蘑对矿物油有较强的降解能力,能保证自己的共生伙伴——宿主植物在一定浓度范围内的石油污染土壤中正常生长,同时对污染区域的土壤有很好的修复作用,促进原有自然生态系统的恢复。人们还发现,除了菌根菌外,腐生菌大类中更有不少欢喜"吃香喝辣"的英雄好汉。1998 年，在华盛顿州运输部的赞助下，由真菌学家保罗·史塔曼兹领衔的团队在贝林汉维修堆场的柴油污染场地进行了一场别开生面的实验。现场土壤中的碳氢化合物的浓度高达20000ppm，污染程度接近埃克森公司在阿拉斯加海滩的漏油事件。实验者将一层长满平菇菌丝的木屑铺洒在油污的土堆上，并盖上遮阳布。4 周以后，无数的菇蕾破土而出，长出的平菇子实体最大直径竟然超过了30 厘米。起先是昆虫发现了这些美味，纷纷聚拢过来吃菌，然后又吸引了鸟类飞来捕食昆虫。9 周后，土堆已经被蓬勃生长的绿色植物所覆盖，土壤中的碳氢化合物浓度下降至不到 200ppm，净化率竟然达到了 98%以上。而附近作为对照没有用菌丝处理的土堆，依旧散发着阵阵臭气，毫无生机。

史塔曼兹团队还应美国环保局请求，着手帮助解决水运过程中的原油泄漏问题。他们开发出一种漂浮在海面上的水体净化袋，上面搭载了长满平菇菌丝的麻布，用来吸收和分解溢油。2007 年 11 月 7 日，香港的大型集装箱船"中远釜山"号在美国旧金山湾撞上了旧金山大桥，导致 19 万升油料泄漏，污染了 80 多千米长的海岸线。当地的环保组织和商业公司就联手借助真菌的修复功能去除污染物，结果成功地清除了大部分溢油，菌类除油技术也因此声名大噪。

　　"缉捕"重金属。随着人类对资源需求水平的不断提高以及生产强度的日益加大，含有重金属的废弃物质不断输入环境，对生态造成的破坏也日渐加剧。人们发现许多蕈菌都具有富集重金属离子的特点，能大量吸收并在体内累积铅、汞、砷、铜、镍、铬、镉等元素。如姬松茸能够富集镉元素，黄伞对铬的吸收能力很强；毛木耳对铜元素、凤尾菇对砷元素、毛头鬼伞和高大环柄菇对铅元素都有着特殊的"捕获"能力，能将这些散落各处又隐藏很深的"毒品犯"缉拿归案；而森林中的许多菌根菌，能通过酶系和生化作用降低重金属的毒性，大大减轻它们对土壤的污染危害，并且帮助与其共生的宿主植物提高对重金属胁迫环境的耐受率。蕈菌的菌体通常较大，吸附重金属的能力要远远高于绿色植物，能将重金属从污染基质中移出并进行有效回收，对受到重金属污染区域起到重要的净化作用，收到良好的修复效果。因此对于土壤中的重金属污染，可以采用"真菌修复"的技术，在有关区域有针对性地选择富集品种进行栽培。一般菌菇的种植技术相对比较简单，而且生长周期短、一年可连作数茬，由此能够获得相对较高的年生物量。对于收获的贮毒子实体，人们可以将其集中处理并有效回收重金属，这样既解决了环境污染、又能使资源再生。研究表明，从蕈菌子实体中提炼重金属比其他生物方法容易得多，成本也要低70%—80%。科学家们还发明了"真菌过滤"技术，将菌丝体制成各种规格的过滤器，用来拦截和吸附空气和水体中的重金属和其他污染物。芬兰VTT技术研究中心的研究人员将这种真菌过滤方法，用于电子废弃物的黄金回收。他们把废弃的手机磨成粉，加入溶液，通过菌丝过滤，可以提炼80%的黄金。相比传统用王水和浓硫酸等有毒化学品来提炼金子的方法，这种方法既安全又便宜。

"消化"废塑料。塑料，当它刚刚被发明出来并开始普及时，被视为对社会的恩赐，但由于滥用和被随意丢弃，已成为对环境最具破坏力的威胁之一，无论是焚烧还是填埋都不能做到百分之百的无污染。

美国耶鲁大学的一个科研小组在亚马逊热带雨林找到一种被称为小孢拟盘多毛孢的寄生真菌，并且惊喜地发现这种真菌对聚氨酯塑料居然有着很强的降解能力，并且还可以在缺氧环境下以聚氨酯为唯一的碳素营养源进行生长。研究人员认为，这对未来处理填埋场中的塑料垃圾将有着非常重要的意义。

这一发现引发了国际同行们的一股研究热潮，科技人员试图找到更多不同类型的可降解塑料但又不残留有害物质的菌类。奥地利的研究人员在一些真菌菌株中发现了能强力"拆解"PET塑料的酶，并借助基因工程技术，提高了这些真菌及其产生的酶将PET材料高效分解成初始单体的能力，分解出的初始单体能重新用于生产优质材料，使资源得以再利用，以此避免产生垃圾且不对环境造成危害。研究人员还计划进一步提高真菌分解 PET 垃圾的速度，从目前的 24 小时缩短到几小时。无独有偶，同样来自奥地利和荷兰的另一组科技人员则在着手建设一个用废弃塑料栽培蘑菇的"菌类生长系统"。他们精心选择了两种喜欢"吃"塑料的菌类——裂褶菌和平菇作为实验对象，首先将作为营养源的塑料用紫外线进行灭菌处理，接着把它们放入一个个用琼脂制成的蛋壳状的栽培容器里。接入菌种后，再将栽培容器移入一个球形的生长室中，生长室完全满足菌类生长所需的各种环境条件。菌丝开始萌发生长慢慢地消化塑料，继而扭结长出子实体——毛茸茸的裂褶菌和花朵般的平菇。尽管这些"吃"塑料长成的蘑菇是否能安全无毒食用还需要进一步检验，但无论如何，这个"菌类生长系统"对于真菌降解技术的发展有着非同寻常的意义。

　　蘑菇的生态价值可要重新再评价啰。

参考资料

安鑫龙，周启星.大型真菌对重金属的生物富集作用及生态修复.应用生态学报，2007（8）

陈国良，陈惠，陈若愚.食用菌治百病.上海科学技术文献出版社，2008

陈倩.菇林猎奇.食用菌，1982（2）（4）

陈瑞蕊，林先贵，施亚琴.兰科菌根的研究进展.应用与环境生物学报，2003（1）

陈士瑜.菌类谈荟.江苏科学技术出版社，1983

陈士瑜.芝草纪瑞.食用菌，1991

陈士瑜，龙长祥.自然生灵之神：发光蘑菇.食用菌，1989（2）（3）

陈铁宝.金蝉花与健康事业.中国经济时报，2015-9-18

传奇.蚂蚁星球.森林和人类，2007（10）

丁晶.日本从野生蘑菇中提取出化学物质制成环保橡胶.橡胶科技，2005（6）

丁林.洗不掉的血迹——塞勒姆审巫案.科学与文化，2006（1）

菲利普.费尔南多－阿梅斯托.文明的口味.新世纪出版社，2012

谷镇，杨焱.食用菌呈香呈味物质研究进展.食品工业科技，2013（5）

黄年来.大型真菌的新用途—天然染料.中国食用菌，1999（3）

景跃波.我国树木外生菌根菌资源状况及生态学研究进展.西部林业科学，2007（2）

柯丽霞.红汁乳菇和多汁乳菇的化学成分及其开发利用前景.安徽师范大学学报（自然科学版），2000（4）

科技苑.寻找神秘的地下大蘑菇.CNTV，2015–07–06

李春斌，倪茹华.雷丸槟榔治疗绦虫100例.云南中医杂志，1997（2）

李吉，邵玉琴.草原蒙古口蘑蘑菇圈的特殊生态现象观察.中国食用菌，2002（6）

林淋.你身边的特种部队——谈真菌与人类.上海科学普及出版社，2012

林志彬.灵芝——从神奇到科学.北京大学医学出版社，2013

林志彬.中国黑木耳抗血小板功能的作用.生理科学进展，1983（1）

刘永昶，刘永宏.黑木耳的营养保健作用及深加

工．中国食用菌，2005（6）

刘铮．远古化石展示"僵尸咬痕"：真菌或是祸首．新京报，2010-8-19

卢敏政．环孢素传奇．科技日报，2000-7-28

罗信昌，陈士瑜．中国菇业大典．清华大学出版社，2010

马晶．菌寄生真菌形态学及分类学研究．吉林农业大学，2008

美国蘑菇理事会．食用菌与人类健康．食药用菌，2015（2）（3）（4）

钮俊兴，胡立宏．芬戈莫德研发历程概述．药学研究，2015，卷34

彭益强，徐锦海等．从几种真菌中提取几丁质和壳聚糖的研究．福建化工，2000（4）

齐全生．波兰人与采蘑菇．光明日报，2001-11-23

巧云．奇特霉菌可将植物废料转变为柴油气．知识就是力量，2009（8）

沙漠．距离人类越远的食品越好．科学养生，1998（9）

申敏．中国云南水晶兰亚科四种植物的菌根研究．中国科学院研究生院，2012

史帧婷，包海鹰．桑黄类真菌有效成分及功效研究进展．中国实验方剂学杂志，2016（11）

宋丽丽.白腐菌高效改性木质素促进秸秆酶解反应机制研究.华中科技大学，2013

陶文沂，敖宗华等.药食用真菌生物技术.化学工业出版社，2007

脱脱等.钱乙传.宋史.中华书局，1985

万卷.松露，上帝才知道的芬芳.视野，2009（24）

王谦，贾震.食药用真菌的药理作用研究进展.医学研究和教育，2010

王云.口上蘑菇鲜又香.四川烹饪，2002（9）

夏茂盛.在捷克采蘑菇.光明日报，2014-2-10

向红琼，冯志新.Pleurotusostreatus 对线虫作用机理的研究.植物病理学报，2000（4）:357-363

谢万明.生物：四大起源之谜.上海科学技术出版社，2001

邢来君，李明春.普通真菌学.高等教育出版社，1999

徐冰川.追踪世界最大生物"千年老蘑菇"的幕后故事.山西科技报，2000-08-19

徐机玲，蔡玉高.中国发现最早的原始陆生生物.www.xinhuanet

许汉奎.寻找最早登陆的植物.生物进化，2011（3）:48-50

叶紫.美洲切叶蚁创造的生命奇迹.大自然探索，

2002（11）

佚名.吃上金蝉花,丢掉药罐子.新民晚报社区版,2008-8-1

袁越.LSD 简史.读库 0702.新星出版社,2007

昝立峰,图力古尔.大型真菌色素的研究现状和应用前景.菌物研究,2005（4）

战立克.罗马宫廷中的毒伞幽灵.食用菌,1982（1）

张黎光,李峻志等.毒蕈中毒及治疗方法研究进展.中国食用菌,2014,33（5）

张士魁.《随园食单》中的蕈.食用菌,1987（3）

张树庭.展望一场非绿色的革命——蕈菌的全球影响力及在 21 世纪对人类的重大意义.浙江食用菌,2009（3）

赵路.改写地球生物史的新发现.科学时报,2001

亮亮.全世界最怪异化石谜底破解.http://tech.sina.com.cn/d/2007-04-26/17311485828

刘超.巨型真菌统治远古时代.http://zixun.mushroommarket.net/201311/29/159285.html

印度之窗:印度的《吠陀经》Veda.http://www.yinduabc.com/hindu/2246.htm

林健颖.解密史前冰人奥茨.http://www.bowenwang.com.cn/prehistoric-iceman.htm

佚名.日本饮食文化——松茸文化.http://www.

docin.com/p-932611433.html

刘楚楚.英国科学家首次完成LSD作用于大脑成像研究.http://www.guancha.cn/europe/2016_04_13_356889.shtml

贝原益轩.大和本草（菌类）.永田调兵卫板，1715

B. A. Oso. Mushrooms in Yoruba Mythology and Medicinal Practices. Economic Botany,1977,31（2）:367-371

European medicinal polypores-A modern view on traditional uses. Journal of Ethnopharmacology, 2014-4

G. L. Barron. Fung and the carbon cycle. Biodiversity,Vol.4: 3-9,2003

Georges Halpern. Healing mushrooms. Square One Publishers,2007

Giorgio Samorini. Mushroom effigies in world archaeology from rock art to mushroom-stones.In The stone mushrooms of Thrace proceedings conference. Alexandroupli, Thrace-Greece: EKATAIOS, 2012

Giorgio Samorini. The Pharsalus Bas-Relief and the Eleusinian Mysteries. The Entheogen Review. 1998,7（2）: pp.60-63

J. Frank, L. Coffan, R.A. & D. Southworth. Aquatic gilled mushrooms: Psathyrella fruiting in the Rogue River in southern Oregon. Mycologia, 102（1）, pp.93–107

Kawagishi, H., Ando, M., & H. Sakamoto, et al. Hericenone C, D and E, stimulators of nerve growth factor（NGF）synthesis from the mushroom Hericiumerinaceum. Tetrahedron Lett, 1991:4561-4564

Mizuno R., Ichinose H., & T Maehara et al. Properties of Ethanol Fermentation by Flammulinavelutipes. Bioscience Biotechnology & Biochemistry,2009,73（10）:2240–2245

Mori, K., Inatomi S., K. Ouchi et al. Improving effects of the mushroom Yamabushitake（Hericiumerinaceus）on mild cognitive impairment: a double-blind placebo-controlled clinical trial. Phytotherapy Research, 2009-3

Mori, K., Obara, Y., & T. Moriya, et al. Effects of Hericiumerinaceus on amyloid β（25-35）peptide-induced learning and memory deficits in mice. Biomed Res,2011,32（1）

Nagano, M., Shimizu, K. & R. Kondo, et al. Reduction of depression and anxiety by 4 weeks Hericiumerinaceus intake. Biomed Res, 2010,31（4）

Paul Stamets. Mycelium Running: How Mushrooms Can Help Save the World.Ten Speed Press,2005

Pausanias. Description of Greece. Harvard University Press, Revised ed. Edition,1918

Shavit E., T. Volk. Delicacies in the sand or manna from Heaven? Botit.botany.wisc.edu,2012

T. Ikekawa T, M. Nakanishi, N. Uchara et al. Antitumor action of some basidiomycetes, especially Phellinuslinteus. 1968（59）:155-157

V. N. Toporov. On the semiotics of mythological conceptions about mushrooms.Semiotica, 2009, 53（4）:295-358

Wasson, R. G., Hofmann, A. & Carl A. P. Ruck. The road to Eleusis Unveiling the Secret of the Mysteries. North Atlantic Books, 2008

Anna Mchugh. Mushrooms In History: The Greeks And Egyptians. http://blog.crazyaboutmushrooms. com/?s=Greek+and+Egyptian

Anna Mchugh. Paleolithic "Red Lady" Ate Mushrooms 19,000 Years Ago. http://blog.crazyaboutmushrooms.com/ paleolithic-red-lady-ate-mushrooms-19000-years-ago/

Anon.The humongous fungus among us. http://www. vegparadise.com/highestperch34.html

Anon. Whale Mythology from around the World. http://www.worldtrans.org/creators/whale/myths0.html

Carnivorous mushroom reveals human immune trick. https://medicalxpress.com/news/2015-02-carnivorous-mushroom-reveals-human-immune.html

Mushrooms to Dye For. http://www.namyco.org/mushrooms_to_dye_for.php

Pinkie D'Cruz.Meanings & legends of flowers. http://www.angelfire.com/journal2/flowers/m1.html

Sam Savage. Prehistoric mystery organism verified as giant fungus. http://www-news.uchicago.edu/releases/07/070423.fungus.shtml

Ann Paulsen Harmer. Mushroom dyeing. https://shroomworks.com/category/mushroom-dyeing/

Anon. Poisonous Mushrooms.http://www.botany.hawaii.edu/faculty/wong/BOT135/Lect18.htm

Ecovative. We Grow Materials. http://www.ecovativedesign.com/

Paul Stamets. Agarikon: Ancient Mushroom for Modern Medicine. https://www.huffingtonpost.com/paul-stamets/agarikon-mushroom_b_1861947.html

地星

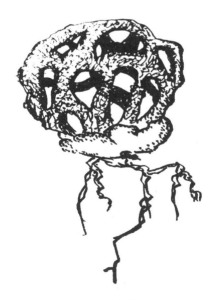

笼头菌

图书在版编目（CIP）数据

寻蕈记／刘遄著. — 上海：上海辞书出版社，
2017.11
ISBN 978-7-5326-5035-4

Ⅰ.①寻… Ⅱ.①刘… Ⅲ.①大型真菌—普及读物
Ⅳ.①Q949.32-49

中国版本图书馆 CIP 数据核字（2017）第 268551 号

寻蕈记

刘遄　著

责任编辑　吴　慧
装帧设计　杨钟玮

出版发行　上海世纪出版集团
　　　　　　上海辞书出版社（www.cishu.com.cn）
地　　址　上海市陕西北路 457 号（200040）
印　　刷　上海盛通时代印刷有限公司
开　　本　787×1092 毫米　1/32
印　　张　7.75
字　　数　130 000
版　　次　2017 年 11 月第 1 版　2017 年 11 月第 1 次印刷
书　　号　ISBN 978-7-5326-5035-4/Q·15
定　　价　30.00 元

本书如有质量问题，请与承印厂联系。T：021-61453770